JN081568

REGISTRATION
EVALUATION
AUTHORISATION
and RESTRICTION of
CHEMICALS

<化学品管理者必携>

欧州REACH規則 日本企業の対応実務

—REACHの現状と今後の動向を踏まえて—

徳重 諭 ［一般社団法人 日本化学品輸出入協会］ 著

日本規格協会

はじめに

“Now the legislation is more than 10 years old, policy makers should have the courage to look at it again,” Mr Dancet says.
「現在，REACHは10歳以上になり，政策立案者はそれを再度見直す勇気をもつべきである.」

この言葉は，ECHA（欧州化学品庁）の初代長官であるGeert Dancet氏が，離任に際して“ECHAニュースレター”(2017年11月号）に寄せた文章の一部である.

化学品（物質及び混合物）管理は，20世紀後半よりグローバルな環境問題における重要な課題の一つと捉えられ，1992年にリオ・デ・ジャネイロで開催された国連環境開発会議（通称，リオ地球サミット）で採択された“アジェンダ21”の第19章において，化学品管理として取り組むべき事項が明示された．その10年後にアジェンダ21の見直しや新たな課題等について議論するために開催された持続可能な開発に関する世界首脳会議（WSSD，通称，ヨハネスブルグ・サミット）においては，「予防的取組み方法に留意しつつ，透明性のある科学的根拠に基づくリスク評価手順と科学的根拠に基づくリスク管理手順を用いて，化学物質がヒトの健康及び環境にもたらす著しい悪影響を最小化する方法で使用，生産されることを2020年までに達成することを目指す」，いわゆる“WSSD 2020年目標”が設定された.

EU（欧州）では，この世界的な動向及び目標を踏まえつつ，2001年2月に“今後の化学物質政策の戦略白書”が発表され，この戦略を具現化するために，REACH（化学品の登録，評価，認可及び制限に関する規則）が，2006年12月に制定され，翌2007年6月に施行された.

その目的には「ヒトの健康及び環境の保護及び欧州化学産業の競争力の維持向上」という，一見両立が難しいと思われる項目があげられている．個人的には，新型コロナウィルス感染症対策として，現在取り組まれている感染防止措置と経済活動の維持・拡大に通じるものがあるようにも思われる.

REACH では，EU 域内にて年間 1 トン以上の化学物質を製造又は輸入するすべての事業者に当該物質の登録（registration）を義務付け，当局の評価（evaluation）により，SVHC（高懸念物質）として指定された物質については認可（authorisation）取得が必要となり，加えて許容できないリスクを有する物質には，禁止などの制限（restriction）が設けられている.

この化学品管理の仕組みは，グローバルな標準として，世界各国の化学品管理規制に取り入れられている．産業のグローバル化が進む中で，化学品規制は世界的に年々強化されており，ものづくりに係る組織では，国内の化学品規制の動向はもちろん，各国の化学品規制情報をいち早く入手し，その規制に対応することが必須となっている.

現在，国内のものづくり企業は，総じて化学物質を原材料として使用しているため，化学品規制に関する情報には，製薬，食品，化粧品，建設・建築，電気・電子機械，自動車，プラスチックなど，多くの国内業界が強い関心を寄せざるを得ない状況にある．EU の化学品規制は先駆的であり，実質的なグローバル標準として各国の化学品規制に取り入れられているため，その内容を理解することは世界各国の化学品規制を理解するうえでの基礎となる.

その REACH が，冒頭に紹介したように，制定から 10 数年が経過し，見直す時期を迎えている．これまでの運用を全面的に変更することはないと予想されるが，相当に大きな改正が加えられるように思われる.

本書は，筆者が所属してきた三菱化学株式会社（現 三菱ケミカル株式会社）と一般社団法人日本化学工業協会，そして現在の一般社団法人日本化学品輸出入協会での知見や経験をもとにして，REACH に関する基本的事項とその具体的内容について解説した中級・実務レベルの解説書である．また，REACH が改正の時期を迎えていることから，今後の REACH 改正及び EU の化学品管理の方向を示唆する“第 2 回 REACH レビュー（2nd REACH Review, 2017）”において，日本企業に関連性の高いと思われる内容も紹介している.

REACH は化学品を包括的に管理する幅広い法律であり，本書でそのすべてを網羅できるものではなく，実務者にとって参考となる情報源（ウェブサイトのURLなど）をできるだけ多く掲載するようにした．なお，本書で引用したREACHの条文等は，筆者が邦訳したものである．不明点などあれば，原文にアクセスし，確認されたい．また，ウェブサイト等は変更されることがあり，本書に示したURLが機能しない場合はご容赦願う次第である．

REACHは，規則自体が非常に複雑であり，しかもしばしば改正されるため，その全体像や具体的実務の理解には苦労することが多い．本書がその理解の一助となり，EUにおける化学品の輸出入実務や社内教育に活用いただけるならば幸いである．

最後に，このような機会を設けていただいた一般財団法人日本規格協会に感謝申し上げます．特に，本書を企画・制作する過程で親身に相談にのってくださった室谷誠，本田亮子，山田雅之，関佳織の諸氏には深謝いたします．

2022年2月

徳重　諭

目　次

第 1 章　REACH の概要

第 2 章　REACH の解説

第 3 章　第 2 回 REACH レビューとこれからの REACH

第 4 章　事業者に望まれる対応

第1章　REACHの概要

1.1　欧州における法体系とREACH

REACH（Registration, Evaluation, Authorisation and Restriction of Chemicals：化学品の登録，評価，認可及び制限に関する規則）はEU（European Union：欧州連合）の法律であり，その内容を理解するための基礎として，EUの法体系の紹介から始めることにしたい.

EUとその法体系について，国立国会図書館のウェブサイト（国立国会図書館 リサーチ・ナビ）で，次のように，わかりやすくまとめられている[1].

EU（欧州連合）

EUは，欧州連合条約（EU条約）をはじめとするEUの基本条約によって設立，運営される超国家機関です.

EUでは，基本条約によって加盟国の主権の一部がEUへ移譲され，主権が移譲された政策分野においては，加盟国に代わってEUが権限を行使します．そのため，EUの法体系は，国際法とも，また加盟国の国内法とも異なる独自の体系となっています.

EU法の種類

EU法は，一次法（Primary Legislation），二次法（Secondary Legislation），判例（Case-Law）の3つに分けることができます.

具体的には，それぞれ以下のものが，司法裁判所（Court of Justice）で審理の対象となるEU法として法的効力を認められています.

1. 一次法

一次法とは，EUの基本条約を指します．現行の基本条約は，2009年12月に発効したリスボン条約により改正されたEU条約及びEU機能条約です．また，両条約の附属議定書及び附属文書も含まれます．これら条約は加盟国の政府間による交渉によって内容が合意され，各国議会によって批准されなければなりません．改正も同様です．

さらに，一次法には，基本条約以外にも，基本条約と「同一の法的価値」を持つとされるEU基本権憲章，EU司法裁判所が依拠する法の一般原則などを含むこともあります．

2. 二次法

一次法である基本条約を根拠に制定される法令です．主な二次法には，規則（Regulation），指令（Directive），決定（Decision），勧告（Recommendation），意見（Opinion）があり，加盟国の国内法との関係や法的拘束力は，それぞれ以下のとおり異なっています．

■規則（Regulation）

加盟国の国内法に優先して，加盟国の政府や企業，個人に直接適用されます．そのため，加盟国の国内立法を必要とせず，加盟国の政府等に対して直接的な法的拘束力を及ぼします．

■指令（Directive）

加盟国の政府に対して直接的な法的拘束力を及ぼします．指令には政策目標と実施期限が定められ，指令が採択されると，各加盟国は，期限内に政策目標を達成するために国内立法等の措置を取ることが求められます．ただし，どのような措置を取るかは各加盟国に委ねられます．なお，企業や個人には直接適用されません．

■決定（Decision）

特定の加盟国の政府や企業，個人に対して直接適用されるもので，対象となる加盟国の政府等に対して直接的な法的拘束力を及ぼします．

■勧告（Recommendation）

加盟国の政府や企業，個人などに一定の行為や措置を取ることを期待する旨，欧州委員会が表明するものです．原則として法的拘束力はありません．

■意見（Opinion）

特定のテーマについて欧州委員会の意思を表明するものです．勧告と同様，原則として法的拘束力はありません．

3. 判　例

EU司法裁判所（司法裁判所・総合裁判所・専門裁判所）の判例です．ただし，EU司法裁判所は，先例には拘束されないとしています．

上記のように，EU法は，一次法（primary legislation），二次法（secondary legislation）及び判例（case-law）の三つに分類される．二次法の中で法的拘束力を有するのは，規則（regulation），指令（directive）及び決定（decision）であり，これらは立法行為（legislative acts）に位置付けられる．

EUの立法行為に係る立法手続に関して，国立国会図書館の海外立法情報調査室 植月献二氏の調査で，次のように説明されている[2]．

立法手続（legislative procedure）には，通常立法手続によるものと特別立法手続によるものがあり，通常立法手続は，欧州委員会の提案に基づいて規則，指令及び決定を欧州議会及び理事会が共同で採択する手続であり，これはEUの基本的な政策決定手続として位置づけられているものである．特別立法手続は，EU条約及びTFEUに定める特定の場合において，欧州議会又は理事会が，それぞれ一方の参加の下で，規則，指令又は決定を採択する手続をいう．これらの立法手続により採択された法的行為を立法行為という．

上述のこれらの立法行為（legislative acts）には，その下位法令と捉えられる非立法行為（non-legislative acts）が設定されることがある．その一つが，委任法行為（delegated acts）で，法的拘束力を有し，欧州委員会（European Commission：EC）が，例えば，詳細な措置を明確化するために，立法行為の本質的でない部分を補足又は修正するものである．もう一つは，施行法行為（implementing acts）で，これも法的拘束力を有し，EU加盟国の代表者で構成される委員会（committees）の監督下で，欧州委員会が，立法行為が加盟国間で一様に適用されることを保証する条件を設定することを可能にするものである[3]．

REACHは，その表題の冒頭部“REGULATION（EC）No 1907/2006 OF THE EUROPEAN PARLIAMENT AND OF THE COUNCIL”からわかるように，欧州議会と理事会によって制定された規則（regulation）である．この規則を運用するために，ECHA（European CHemical Agency：欧州化学品庁）[4]のウェブサイト“REACH Legislation”[5]に示されるように，多くの施行規則（implementing regulation）等によって詳細事項が規定されている．

REACHの規定の中では，例えば，第73条（以降，特に断りのない限り，REACHの条番号を示す.）において，（欧州）委員会が制限（2.4節，114ページ参照）に関する決定を行うように規定されており，この規定に基づいた欧州委員会規則（commission regulation）によって制限物質等が指定される（表1.1）．

このように，REACHは中心となる規則（EC）No 1907/2006とその法律を補完し，詳細を規定する施行規則及び委員会規則等からなる法令群と捉えることができる．

表1.1　委員会規則の例

委員会規則の表題	概　　要
ジイソシアナートに関して，化学品の登録，評価，認可及び制限（REACH）に関する欧州議会及び理事会規則（EC）No 1907/2006の附属書XVIIを修正する“2020年8月3日付委員会規則（EU）2020/1149”［EEA（欧州経済領域）関連条文］[6]	REACH附属書XVII（制限）に次のエントリーを追加する． “74. ジイソシアナート， O=C=N−R−N=C=O，Rが不特定長の脂肪酸又は芳香族の炭化水素単位をもつ.”

1.2 REACH 制定の背景

EU における化学品管理に関する指令及び規則の歴史的経緯は，ECHA から発行されたリーフレット“Implementing REACH - Safer chemicals in Europe”に見て取ることができる（表 1.2）.

1950 年代から 1960 年代にかけて，先進国を中心に経済成長が進むにつれて，環境汚染も広がっていった．1952 年に英国で発生したロンドンスモッグ

表 1.2 欧州における化学品管理の経緯 [7)]

年	経　緯
1967	［EU］ 危険物質指令
1976	［EU］ 制限指令
1992	［国際］ リオ地球サミット
2001	［EU］ 今後の化学物質政策の戦略白書
2002	［国際］ GHS（危険・有害性化学品の分類及び表示に関する世界調和システム）
2006	［EU］ REACH
	［国際］ SAICM（国際的な化学品管理のための戦略的アプローチ）
2008	［EU］ CLP（分類，表示及び包装）
2010	［EU］ 最も有害性が高い，及び多量に使用される物質の登録
2011	［EU］ 消費者製品中の高懸念物質の届出義務
2018	［EU］ EU 市場にある物質の登録
2020	［EU］ 候補物質リストにすべての関連する高懸念物質を収載
	［国際］ ヒトの健康と環境にもたらす著しい悪影響を最小化

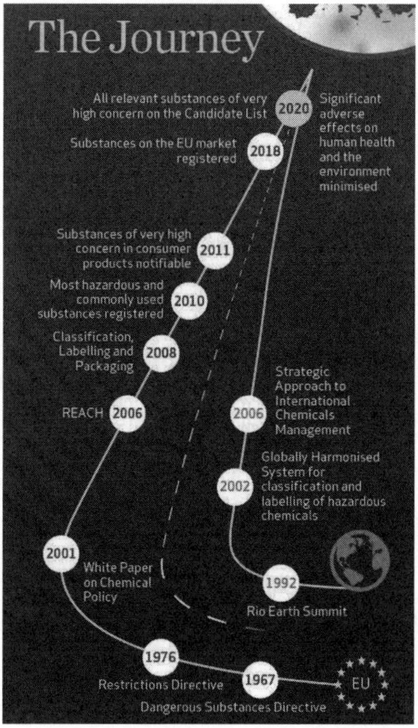

Leaflet-Implementing REACH（抜粋）[7)]

(London smog disasters) は，多数の死亡者を招いた，史上最悪規模の大気汚染による公害事件だといわれている．

1962年には，DDT (dichlorodiphenyltrichloroethane：ジクロロジフェニルトリクロロエタン) をはじめとする農薬などの化学物質の有害性を訴えたレイチェル・カーソン著作の『沈黙の春』が出版された．世界的に化学物質管理の必要性が認識されるようになった中で，1967年に欧州全域に適用される最初の化学物質管理に関する指令“危険な物質の分類，包装及び表示に関する法律，規則及び行政規定の近似化に係る1967年6月27日付理事会指令67/548/EEC，いわゆる危険物質指令 (Dangerous Substance Directive：DSD)”が制定された．

この指令は，その名称が示すように，危険な物質としての分類基準を定め，それに基づく分類，表示及び包装を規定した指令であるが，1979年9月18日付の第6次修正 (理事会指令79/831/EEC) により，新規化学物質について，その製造者又は輸入者は安全性評価をまとめた技術文書等を上市前に上市予定国に届出し，行政が審査を行い，安全性を確認する仕組みが導入された．

1976年には“危険な物質及び調剤の上市と使用の制限に関する加盟諸国の法律，規則及び行政規定の近似化に関する1976年7月27日付理事会指令76/769/EEC (制限指令)”が制定された．続いて，混合物 (調剤) を対象として，1988年に“危険な調剤の分類，包装及び表示に関する加盟諸国の法律，規則及び行政規定の近似化に関する1988年6月7日付理事会指令88/379/EEC”が制定され，1999年に整定された“危険な調剤の分類，包装及び表示に関する加盟諸国の法律，規則及び行政規定の近似化に関する1999年5月31日付欧州議会及び理事会指令1999/45/EC [危険調剤指令 (Dangerous Preparation Directive：DPD)]”によって置き換えられた．

一方，既存化学物質については，1990年6月15日付の欧州官報C 146Aに掲載された委員会コミュニケーションによって，1971年1月1日から1981年9月18日までの間に欧州共同体市場にあったとみなされた物質がEINECS (European INventory of Existing Commercial chemical Substances：欧州既存商業化学物質リスト）[8] に収載され，1993 年に制定された“既存物質のリスク評価と管理に関する理事会規則 (EEC) 793/93”によって，既存物質は EINECS リスト収載物質であると定義され，高生産量既存物質に関して，産業界に対して入手可能なデータをすべて登録することが義務付けられた.

EU の化学品管理は，国際的な化学品管理の動向と連動して，整理し，強化されてきた. 1992 年にリオ・デ・ジャネイロで開催された国連環境開発会議（リオ地球サミット）で採択された“アジェンダ 21”[9] の“第 19 章 有害かつ危険な製品の不法な国際取引の防止を含む有害化学物質の環境上適正な管理”では今後の化学品管理として，次の 2 項目を含む，6 項目のプログラムが提示された.

・化学物質は，その危険・有害性とばく露を考慮したリスクに基づいて管理し，削減する.
・化学物質の分類と表示を国際的に調和する. これは，GHS（Globally Harmonized System of Classification and Labelling of Chemicals：化学品の分類及び表示に関する世界調和システム）を世界的に導入し，展開していくことを意味する.

このような国際的な化学品管理の動向を踏まえつつ，2001 年 2 月，欧州委員会は“WHITE PAPER Strategy for a future Chemicals Policy（今後の化学物質政策の戦略白書）”[10]（以下“戦略白書”という）を採択し，発表した.

この中で，上述の四つの化学物質に関する指令及び規則［理事会指令 67/548/EEC, 理事会指令 76/769/EEC, 理事会指令 88/379/EEC, 理事会規則 (EEC) No 793/93］が評価され，機能面に次に示すいくつかの問題点や課題が確認された.

・市場にある物質の 99％以上を占める既存物質には，新規物質と同様の試験が要求されていない.
・既存物質の特性と使用についての知識が一般的に欠如している. また，既存物質のリスク評価は当局の責任になっているが，大量のリソースを必要とするため，ほとんど進んでいない.
・現行法令では，川下ユーザーに情報提供を義務付けていないために，物質の使用に関する情報を取得することが困難で，川下事業者の使用から生じるばく露に関する情報は一般的に不足している．

これらの問題や課題を解決し，持続可能な開発という最優先の目標を達成するために，戦略白書において，次の政策的目標が提示され，新たな化学物質管理システムとして，REACHが提案された．

・ヒトの健康及び環境の保護
・EU化学産業の競争力の維持と強化
・域内市場の分裂防止
・透明性の拡大（化学品に関する情報へのアクセスや規制プロセスの理解）
・国際的な取組みとの統合
・非動物試験の促進
・世界貿易機関（World Trade Organization：WTO）の下でのEUの国際的責務との適合（不要な貿易障壁設定の抑止）

欧州委員会による戦略白書の採択からREACH制定までの経緯は，欧州委員会のウェブサイト"新化学品法についての採択プロセスの歴史（History of the adoption process for the new chemicals legislation）"[11]に紹介されている．

欧州委員会は，戦略白書を受けて，新たな化学品規制となるREACH草案を2003年5月に公表し，約2か月間のパブリック・コンサルテーションを実施後，同年10月29日に欧州委員会としてREACH最終案が採択され，翌月，欧州議会と閣僚理事会の審議へ移行することになった[12]．

欧州議会では，環境・公衆衛生・食品安全委員会が審議を主導し，2005年11月に最初の読会意見を採択した（第一読会）．閣僚理事会では，2005年12月に共通の立場（common position）に対して政治的合意に達し，環境理事会（環境担当閣僚で構成）が，2006年6月に"共通の立場"を正式に採択した．翌2006年7月には，共通の立場に関する欧州委員会のコミュニケーション［COM（2006）375］が採択され，欧州議会及び閣僚理事会に提出されることによって第二読会が開始された．欧州議会と閣僚理事会では協議及び意見調整によって合意に達し，2006年12月13日の欧州議会，同月18日の閣僚理事会で REACH が採択され，同年 12 月 30 日に欧州連合官報に公布された．その後，REACH は 2007 年 6 月 1 日に施行され，ECHA が発足し，2008 年には本格的な運用が開始された．

REACH と並んで EU の化学品管理の基礎となる法律である，GHS を EU に導入する CLP（Classification, Labelling and Packaging of substances and mixtures）規則［REGULATION (EC) No 1272/2008 on classification, labelling and packaging of substances and mixtures)］が 2007 年末に制定され，2008 年に施行されている．

1.3　REACH の表題

法律を理解する第一歩は，その法律の顔ともいえる表題を理解することである．REACH の表題と関連する規則や指令を図 1.1 に示す．

REGULATION (EC) No 1907/2006 OF THE EUROPEAN PARLIAMENT AND OF THE COUNCIL
of 18 December 2006
concerning the Registration, Evaluation, Authorisation and Restriction of Chemicals (REACH), establishing a European Chemicals Agency, amending Directive 1999/45/EC and repealing Council Regulation (EEC) No 793/93 and Commission Regulation (EC) No 1488/94 as well as Council Directive 76/769/EEC and Commission Directives 91/155/EEC, 93/67/EEC, 93/105/EC and 2000/21/EC
(Text with EEA relevance)

欧州議会及び理事会規則（EC）No 1907/2006
2006 年 12 月 18 日付
化学品の登録，評価，認可及び制限（REACH）に関する，欧州化学品庁を設立し，指令 1999/45/EC を修正し，理事会規則（EEC）No 793/93 及び委員会規則

(EC) No 1488/94, 並びに理事会指令 76/769/EEC, 委員会指令 91/155/EEC, 93/67/EEC, 93/105/EC 及び 2000/21/EC を廃止する.

(EEA 関連条文)

■関連する規則・指令

- ・指令 1999/45/EC：危険な調剤の分類, 包装, 表示に関する理事会指令
- ・理事会規則 (EEC) No 793/93：既存物質のリスクの評価及び管理に関する理事会規則
- ・委員会規則 (EC) No 1488/94：既存物質のヒト及び環境へのリスク評価についての原則を規定する委員会規則
- ・理事会指令 76/769/EEC：危険な物質及び調剤の上市と使用の制限に関する理事会指令
- ・委員会指令 91/155/EEC：危険な調剤に関する安全性データシート編纂の詳細を定義し, 規定する委員会指令
- ・委員会指令 93/67/EEC：理事会指令 67/548/EEC に従って届出された物質のヒト及び環境へのリスク評価についての原則を規定する委員会指令
- ・委員会指令 93/105/EC：理事会指令 67/548/EEC の第7次改正の第12条で言及された技術文書に必要な情報を含む, 附属書 VII D を規定する委員会指令
- ・委員会指令 2000/21/EC：理事会指令 67/548/EEC の第13条(1)の第5インデントで言及された共同体法のリストに関する委員会指令

図 1.1　REACH の表題及び関連する規則・指令

この表題が示すように, REACH は欧州のすべての加盟国を拘束し, 直接適用される規則 (regulation) であり[13], ECHA の設立を宣言するとともに, これまでに制定されていた多くの化学品に関する法令を修正及び廃止して, それらを一括した法律であると読み取ることができる.

1.4　REACH の対象国

REACH は, 表題の下にかっこ書きされているように, EEA (European

Economic Area：欧州経済領域）に直接適用される．具体的には，図 1.2 に示すように，BREXIT（英国の EU 離脱）によって英国は含まれないが，EU に加盟する 27 か国と EEA に加盟しているノルウェー，アイスランド，リヒテンシュタイン 3 か国の計 30 か国が REACH の対象国となる．

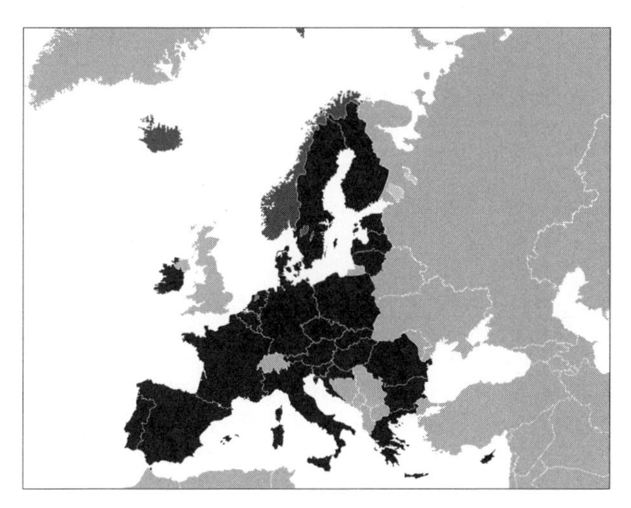

図 1.2　REACH の対象国 [14)]

1.5　REACH の構成

REACH が，どのような構成になっているか，みていくことにしよう．REACH は表 1.3 に示す構成を有している．

第 II 編が物質の登録であり，第 III 編から第 V 編にかけて，登録に関連した事項が規定されている．第 VI 編，第 VII 編及び第 VIII 編において，それぞれ評価，認可及び制限が規定されている．そして，登録等の情報の取扱いが第 XII 編に，執行（査察）に関しては第 XIV 編にて，それぞれ記載されている．REACH を継続的にレビューする規定は目次には表れていないが，最終の第 XV 編（移行規定及び最終規定）の中に組み入れられている．

REACH においては，附属書も極めて重要な役割を担っている．附属書 I で

表1.3　REACHの目次

第I編	一般的事項
第II編	物質の登録
第III編	データ共有及び不必要な試験の回避
第IV編	サプライチェーン中の情報
第V編	川下ユーザー
第VI編	評価
第VII編	認可
第VIII編	ある種の危険な物質，混合物及び成形品の製造，上市及び使用に関する制限
第IX編	手数料及び料金
第X編	化学品庁
第XII編	情報
第XIII編	管轄当局
第XIV編	執行
第XV編	移行規定及び最終規定
附属書I	物質の評価及び化学品安全性報告書作成に対する一般的な規定
附属書II	安全データシートの編集に対する要件
附属書III	1トンから10トンの量で登録する物質に対する基準
附属書IV	第2条(7)(a)に従う登録の義務からの免除
附属書V	第2条(7)(b)に従う登録の義務からの免除
附属書VI	第10条に言及する情報の要件
附属書VII	1トン以上の量で製造又は輸入する物質に対する標準的な情報の要件
附属書VIII	10トン以上の量で製造又は輸入する物質に対する標準的な情報の要件
附属書IX	100トン以上の量で製造又は輸入する物質に対する標準的な情報の要件
附属書X	1 000トン以上の量で製造又は輸入する物質に対する標準的な情報の要件
附属書XI	附属書VIIから附属書Xまでに規定する標準的な試験レジームの適応に関する一般規定
附属書XII	川下ユーザーが物質を評価し，化学品安全性報告書を作成するための一般的な規定
附属書XIII	難分解性，生物蓄積性で毒性を有する物質及び極難分解性で高生物蓄積性物質の特定に対する基準
附属書XIV	認可対象物質のリスト
附属書XV	技術文書
附属書XVI	社会経済性分析
附属書XVII	ある種の危険な物質，混合物及び成形品の製造，上市及び使用に関する制限

注：“第XI編（分類と表示のインベントリー）”はCLPの制定により削除された.

は，化学品に関するリスク評価の実施手順及び化学品リスク評価報告書の書式が示されている．

附属書 II では，SDS（Safety Data Sheet：安全データシート）の要件が示されている．EU においては GHS に関して，分類及びラベル表示については CLP で規定し，SDS の作成については REACH で規定するという二本立てとなっている．

1.6　REACH の目的

REACH は，その前文（4）に記載されているように，持続可能な開発に関するヨハネスブルグ・サミットで 2002 年 9 月 4 日に採択された実施計画に従い，2020 年までにヒトの健康及び環境にもたらす著しい悪影響を最小化する方法で化学品が生産され，使用されることを達成することを目的に掲げており，この目的を達成するために，欧州委員会の域内市場・産業・起業・中小企業総局（Internal Market, Industry, Entrepreneurship and SMEs）のウェブサイト“REACH”[15] には，次の 4 項目が具体的な目標として示されている．

・ヒトの健康及び環境に対する高レベルの保護を確保

・代替試験方法の推進

・EU 域内市場での物質の自由な流通

・競争力と革新性の強化

化学品管理規制の目標の一つとして“競争力と革新性の強化”を掲げていることは瞠目すべきことであり，最も有害な化学物質である SVHC（Substances of Very High Concern：高懸念物質）に対して適切な代替物を探索し，代替していくことを推進することにより，懸念物質管理の観点から世界を牽引し，競争力を確保しようとしているのではないかと考えられる．

1.7　REACHの全体像

REACHは，その正式名称“Registration, Evaluation, Authorisation and Restriction of CHemicals”が示すように，登録（registration），評価（evaluation），認可（authorisation）及び制限（restriction）を主要な構成要素とする，化学品を包括的に管理する法律である（図1.3）．

第5条に示されている“No data, no market”（データなければ，市場なし）はREACHの基本原則であり，新規物質のみならず既存物質をも規制対象としている．

REACHには，EUにおける製造・輸入量が年間1トン以上の物質の製造者又は輸入者に段階的な登録を義務付ける登録制度，当局による登録された文書等の評価制度，ヒトや環境に懸念の高い物質であるSVHCを選定し，用途ごとの申請で個別に使用を認める認可制度，及びリスクが許容できない場合には製造，販売及び／又は使用に禁止を含む制限を加える制限制度等が規定されている．

また，化学物質をそのライフ・サイクルを通して管理するとの考えに立ち，

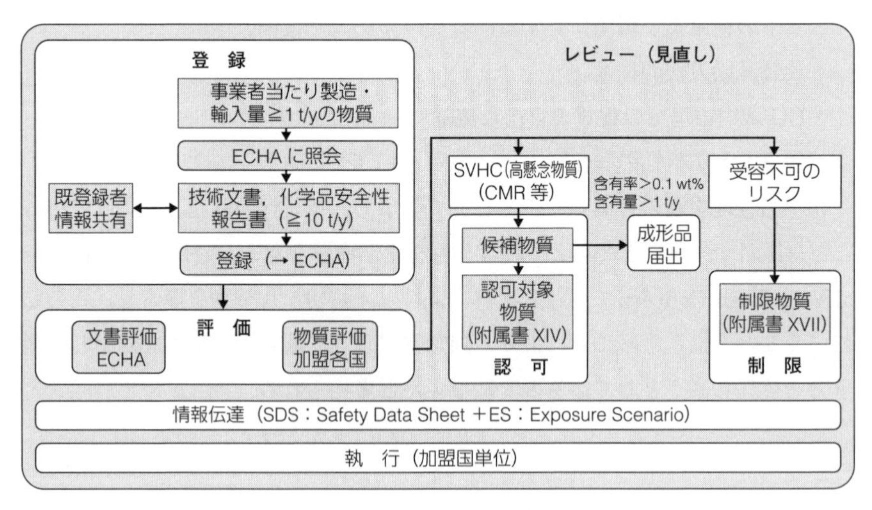

図1.3　REACHの全体像

川上事業者はSDS及びES（Exposure Scenario：ばく露シナリオ）を作成し，その使用者となる川下事業者に提供することを義務付けている．さらには成形品（article）中に含まれる化学物質をも規制対象としているため，化学物質の川上供給者ばかりではなく，サプライチェーン上のすべての事業者がREACHの適用を受けることになる．

これらの要素が確実に執行（enforcement）されているか，加盟国単位で確認される仕組みが採用されており，規則全体が機能しているか，その運用状況を監視し，その結果に基づいて定期的に見直す（レビューする）こととされている．

加えて，REACHの重要な特徴の一つとして，ITツールの積極的な活用及び推進があげられる．ECHAが開発したREACH-IT[16]は事業者（産業界），加盟国の管轄当局及びECHA間を安全に連結する通信チャンネルで，REACH登録用文書の提出，処理，管理等を行う中央ITシステムである．逆に言えば，事業者は，REACH-ITを使用しなければ，REACH登録はできないことになる．

さらには，試験データ共有の義務化，透明性を確保するために登録データの公表をはじめとする各種情報やデータの積極的な公開等，多くの先進的な要素が含まれる法律である．

1.8 REACHの対象物質と適用対象外物質

REACHの適用対象は，第2条（適用）で規定されており，「次のものには適用しない．」としている．

(a) 放射性物質

(b) 税関の監視下にある物質（混合物中の，又は成形品含有の物質を含む）であり，

・何らかの処理又は加工も受けないもの

・暫定的に保管されているもの

・再輸出の意図から規制対象外区域又は規制対象外の倉庫内に置かれているもの

(c) 非単離中間体

(d) 鉄道，道路，内陸水路，海上又は航空による，危険な物質及び危険な混合物中の危険な物質の輸送

(e) 廃棄物

(f) 防衛上の理由で国から免除を受けた物質

REACH は，上述以外のあらゆる物質に適用される．第2条では，規則の一部（例えば，登録）を対象外とするものも示されており，それらを含めて，REACH の対象物質の概要を図 1.4 に示す．

物質をヒト用又は動物用医薬品に使用する場合，若しくは食品又は飼料に使用する場合には，登録等の一部の規定が適用されない．このように，REACH の一部を適用対象外にする規定が細かく定められており，これらの使用に該当する物質を取り扱う事業者は，REACH の条文に基づいて確認されたい．

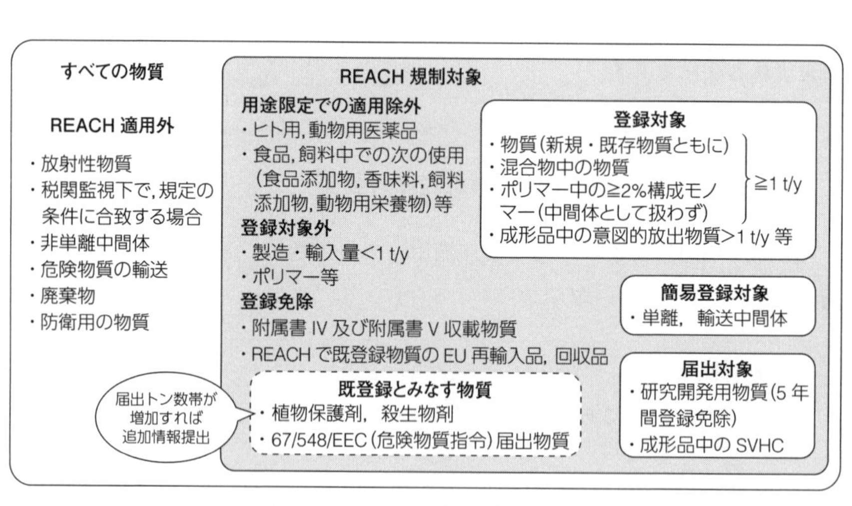

図 1.4　REACH の対象物質の概要

1.9 REACHにおける自社の立場

EUで化学品を取り扱う事業者のためにECHAが準備しているウェブサイトでの“Getting started” [17] で推奨していることは，各物質に対してEUにおける自社の立場を正しく認識することである．

REACHでの登場人物は，図1.5に示すように，わずか六つに分類される．

これらの中で，製造者，輸入者，川下ユーザー及び流通業者は，第3条（定義）で定義されている．EU域外の事業者の中で，商社等の販売者がここに登場していないことには注意を払うべきである．

物質を製造しているか？
・製造者

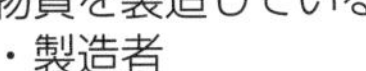

EEA域外から化学品，原材料又は最終製品を購入するか？
・輸入者

化学品及び／又は物品をEEAに販売しているEEA域外の会社の代理をしているか？
・OR（唯一の代理人）

化学品及び／又は最終製品を保管及び流通しているか？
・物流業者

化学品を混合，及び化学品を産業的又は業務的活動に使用しているか？
・化学品の使用者

EEA域外に拠点を置く会社であるか？
・EEA域外の製造者

図1.5 REACHに係る事業者 [17]

> 第3条（定義）
>
> 8）製造は，生産又は自然状態にある物質の抽出を意味する．
>
> 9）製造者は，共同体内で物質を製造する共同体内に所在するあらゆる自然人又は法人を意味する．
>
> 10）輸入は，共同体の関税地域への物理的導入を意味する．

11）輸入者は，輸入に対して責任をもつ，共同体内に所在するあらゆる自然人又は法人を意味する．

13）川下ユーザーは，製造者又は輸入者以外の共同体内に所在するあらゆる自然人又は法人であって，その工場的な又は業務的な活動において，物質そのもの又は混合物中の物質のいずれかを使用するものを意味する．流通業者及び消費者は，川下ユーザーではない．第2条(7)(c)に従って免除された再輸入者は，川下ユーザーとみなされる．

14）流通業者は，小売業者を含め，共同体内に所在するあらゆる自然人又は法人であって，物質そのもの又は混合物中の物質を，第三者のために貯蔵及び上市のみを行うものを意味する．

26）使用は，あらゆる加工，調合，消費，貯蔵，保管，処理，容器への充填，一つの容器から他の容器への移し替え，混合，成形品の製造又はその他あらゆる利用を意味する．

川下ユーザーは「化学品を工場的な又は業務的な活動において使用するもの」と定義されているが，REACHにおける“使用”には，非常に広範な作業や活動が含まれていることを認識しておく必要がある．川下ユーザーは，化学品を使用する場所によって，表1.4のように二つに区分されている．この区分は，リスク評価の一部として，労働者の職業ばく露を推定する際に重要である．

表1.4　川下ユーザーの区分（工場使用者及び業務使用者）について[18)]

川下ユーザー	概　要
工場使用者： Industrial users	規模の大小にかかわらず，工場敷地（サイト）で化学製品を使用する労働者
業務使用者： Professional users	ワークショップ，顧客サイト，教育機関，医療機関など，工場施設外で化学製品を使用する労働者 業務的使用を伴う小事業のその他の典型例には，建設及びモバイルクリーニング会社又は専門画家が含まれる．

（出典：Chemical safety in your business introduction for SMEs）

ECHA のウェブサイト "Getting started" では，各立場の条件と各立場において実施すべき事項が示されているので，それらを参考にして，自社の立場を明確に把握することが望まれる．

1.10　CARACAL 会議

REACH の改正等に大きな影響があることから，やや唐突の感は否めないが，ここで CARACAL 会議[19] に触れておきたい．CARACAL（Competent Authorities for REACH and CLP：REACH と CLP の管轄当局）は，REACH 及び CLP に関連する疑問に関して，欧州委員会及び ECHA に助言する専門家グループである．2004 年 5 月に設立され，2009 年 3 月に現在の名称に改名されている．

REACH 及び CLP の加盟国の管轄当局の代表者，EEA-EFTA（European Economic Area - European Free Trade Association：欧州経済領域—欧州自由貿易連合）諸国の管轄当局の代表者，EU 以外の国や国際機関，及び利害関係者からなる多数のオブザーバーで構成されており，REACH 及び CLP の運用における疑問や課題の解決，並びに両法律の改正に係る方向性が議論される重要な会議体である．

CARACAL 会議は，およそ年に 3 回開催され，1 回の会議で相当多くの資料が準備されており，開催時点での REACH 及び CLP に関連した課題とその対応措置を知ることができる．資料及び議事録は，欧州委員会のウェブサイト CIRCABC（Communication and Information Resource Centre for Administrations, Businesses and Citizens）[20] で公開されている．

引用・参考資料

1）https://rnavi.ndl.go.jp/politics/entry/eu-law.php
2）https://dl.ndl.go.jp/view/download/digidepo_3050721_po_02490002.pdf?contentNo=1
3）https://ec.europa.eu/info/law/law-making-process/types-eu-law_en
4）https://echa.europa.eu
5）https://echa.europa.eu/regulations/reach/legislation
6）https://eur-lex.europa.eu/legal-content/EN/TXT/?uri=CELEX:32020R1149
7）https://echa.europa.eu/publications/leaflets
8）https://echa.europa.eu/information-on-chemicals/ec-inventory
9）https://sustainabledevelopment.un.org/outcomedocuments/agenda21
10）https://eur-lex.europa.eu/legal-content/EN/TXT/?uri=CELEX:52001DC0088
11）https://ec.europa.eu/environment/chemicals/reach/background/index_en.htm
12）https://ec.europa.eu/transparency/documents-register/detail?ref=COM(2003)644&lang=en
13）https://www.soumu.go.jp/g-ict/international_organization/eu/pdf_contents.html
14）https://commons.wikimedia.org/wiki/File:EEA.svg?uselang=ja
15）https://ec.europa.eu/growth/sectors/chemicals/reach_en
16）https://echa.europa.eu/support/dossier-submission-tools/reach-it
17）https://echa.europa.eu/support/getting-started
18）https://echa.europa.eu/support/small-and-medium-sized-enterprises-smes
19）https://ec.europa.eu/environment/chemicals/reach/competent_authorities_en.htm
20）https://circabc.europa.eu/ui/group/a0b483a2-4c05-4058-addf-2a4de71b9a98/library/84998de9-01ff-4434-b566-85367d2fae5b

第2章　REACHの解説

REACHは，第1章で述べたように，多くの構成要素からなる化学品を包括的に管理・規制する法律である．本章ではREACHを構成する各要素について解説する．

2.1　登録（registration）

REACHの重要な原則の一つ“No data, no market”(データなければ，市場なし)(第5条）に基づいて，産業界に化学品によるリスクを管理し，物質の安全性情報を提供する責任が課せられることになった．

ある化学物質をEUで年間1トン以上製造又は輸入するすべての事業者は，安全な取扱いを可能にする物質の特性に関する情報を収集し，ECHAに技術文書（ドシエ）として提出し，登録する必要がある．ECHAが登録のためのガイダンス“Guidance on registration”[1]を発行しているので，是非参考にしてほしい．

登録制度には，登録から生じる作業による各登録事業者及び当局の過度な負担を回避するとともに，登録を迅速に，かつ効率的に進めるために，登録猶予期限を定め，登録を分散して行う制度が採用された．

EINECSに記載されている物質等を“段階的導入物質”(phase-in substance)と定義し，表2.1及び図2.1に示すように，段階的導入物質については2008年6月から2010年11月末日の間に予備登録すれば，製造・輸入量及びその特性に応じて，3段階の登録猶予期限が設定された．

最終登録期限である2018年5月31日を過ぎ，2019年10月10日に官報公示された委員会施行規則（EU）2019/1692[2]によって，2020年以降，予備登録は無効となり，すべての登録には第26条（登録前の照会の義務）が適用されることになった．したがって，EUに化学製品を上市する際には，その前に上市予定の化学製品を構成する物質についてECHAに登録しなければならない．

表2.1　段階的導入物質の登録猶予期限

No.	適用条件	登録猶予期限
(1)	製造・輸入量：年間1 000トン以上 発がん性・変異原性・生殖毒性を有する物質（CMR物質）：年間1トン以上 水生生物や環境に特に有害な物質：年間100トン以上	2010年11月30日
(2)	製造・輸入量：年間100トン～1 000トン未満	2013年5月31日
(3)	製造・輸入量：年間1トン～100トン未満	2018年5月31日

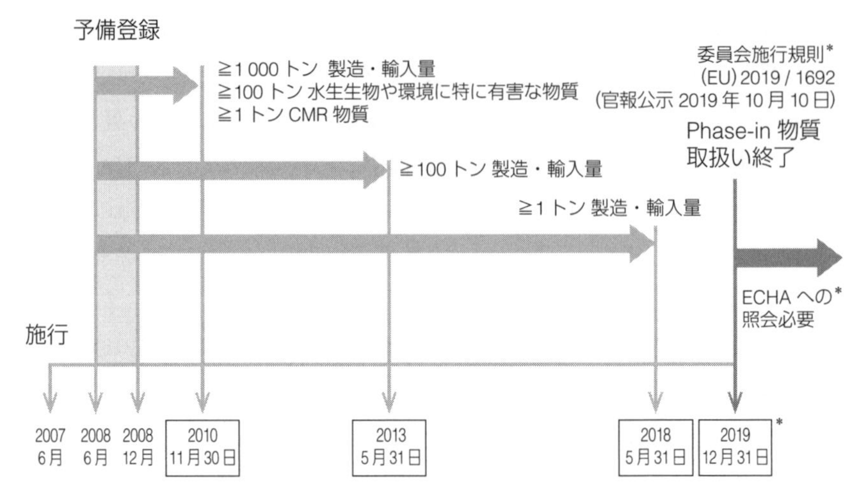

図2.1　REACHにおける登録猶予期限

［GUIDANCE IN A NUTSHELL Registration[3] の Figure 2 に*を追記］

2.1.1　登録までの業務の概要

EUに化学製品を上市するには，REACHにおける登録等，化学製品に係るすべての法令を遵守しなければならない．相当の労力及び費用を要するものであるから，事業者は，その事業がそれらに見合うものであることを REACH 登録の前に確認しておく必要がある．ECHA は，登録を予定している潜在的登録者に対して REACH の登録に向けて段階を踏んで進めることを推奨しており，その第 1 ステップに“自社のポートフォリオを知る”（Know your portfolio）を設定している [4]（図 2.2）．

このステップで，事業そのものの方向性を確定し，自社の製品及びその構成物質を正確に把握することによって，化学製品の上市に必要な EU の法令を確認し，経営資源の配分を想定することになる．この検討の中には，当該製品の係るサプライチェーンを確認し，その市場の大きさや影響度を見積もること，さらには将来性を推測することも含まれる．

日本企業が EU に化学品を輸出する際の，筆者が想定する REACH 登録に係る業務フローを図 2.3 に示す．この業務フローは，図 2.2 の第 2 ステップ以降

図 2.2　ECHA が推奨する REACH 登録作業 [4]

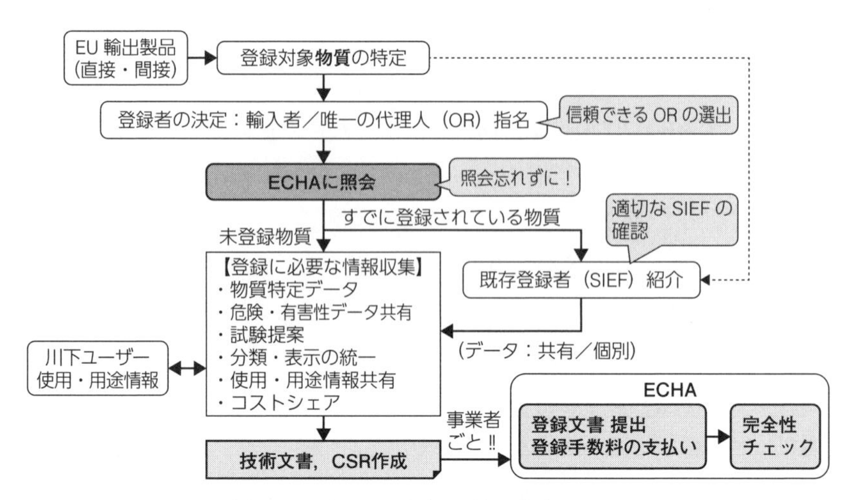

図 2.3　REACH 登録に係る業務フロー

を展開したものでもあり，フロー中の各業務の要点を以下に説明する．

日本から EU に化学製品を輸出する前には，その製品を構成する物質を確定し，年間 1 トン以上となるものは ECHA に登録しなければならない．REACH では，EU における製造者又は輸入者が第一義の登録者となっているが，日本で製造する製品については，その製品ができあがるまでのサプライチェーン上にある製造者は OR（Only Representative：唯一の代理人）を指名して登録することが可能である．

したがって，当該製品の輸入者又はその製品に係るサプライチェーンの製造者の中で，だれが登録するかを決定する必要がある．登録することを決定した事業者又はその OR は，その物質がすでに登録されているかどうかを ECHA に照会しなければならない．

すでに登録されている物質であれば，ECHA はその物質の既存の登録者に関する情報を照会した潜在的登録者に提供することになっており，潜在的登録者は，紹介された既存の登録者，場合によってはその物質の SIEF（Substance Information Exchange Forum：物質情報交換フォーラム）に接触し，必要なデータ及び情報を共有することによって登録文書を準備し，ECHA に提出する．

SIEF とは別に，登録の準備に積極的な登録者が自主的に，一つの SIEF 内で，あるいは複数の SIEF をまたいで，コンソーシアムを形成している場合があり，その場合は，潜在的登録者はコンソーシアムに接触を図ることになる可能性がある．

REACH の特徴の一つは，登録文書を SIEF で共同作成したとしても，代表で 1 社が提出するのではなく，潜在的登録者がそれぞれ自社の登録文書を提出しなければならないことである．

図 2.3 で示したフローの詳細について，これから述べていくことにする．

2.1.2 登録対象物質の特定

REACH において，登録の対象となる物質は，第 6 条（物質そのもの又は混合物に含まれる物質の一般的な登録の義務）及び第 7 条（成形品に含まれる物質の登録及び届出）において，それぞれ次のとおり規定されている．サプライチェーンの行為者とは，サプライチェーン内のすべての製造者，輸入者及び／又は川下ユーザーを意味する．

第 6 条（物質そのもの又は混合物に含まれる物質の一般的な登録の義務）

1. （前略）年間 1 トン又はそれ以上の量の“物質そのもの”又は“混合物中一つ又はそれ以上の物質”いずれかの製造者又は輸入者は，ECHA に登録を提出しなければならない．

3. ポリマーの製造者又は輸入者は，次の両条件が満たされる場合には，サプライチェーンの川上行為者により登録されていない“モノマー物質”又は“いかなる他の物質”について，ECHA に登録を提出しなければならない．

(a) ポリマーが，モノマー単位と化学的に結合した物質の形態で，重量比 2% 又はそれ以上のモノマー物質又は他の物質からなっている．

(b) モノマー物質又は他の物質の合計量が，年間 1 トン以上である．

第 7 条（成形品に含まれる物質の登録及び届出）

1.　成形品の生産者又は輸入者は，次の二つの条件が満たされる場合には，成形品に含まれる物質について，ECHAに登録を提出しなければならない.
(a)　物質が成形品の中に生産者又は輸入者当たりで合計して年間1トンを超える量である.
(b)　物質が通常の又は予測可能な使用条件下で，意図的に放出される.

上記枠内の文章は条文そのものであるため，やや理解しにくいが，REACHで登録が求められる物質は，次のように整理できる.

・物質そのもの（substance on its own）又は混合物に含まれる物質で，年間1トン以上で製造又は輸入されるもの
・ポリマーの構成成分であるモノマー物質又はその他の結合物質で，その重量比が2%以上，かつそれらの各物質の合計量が年間1トン以上のもの
・成形品から，通常の又は予測可能な使用条件下で，意図的に放出される物質で，成形品中の量が合計して年間1トン超であるもの

登録において自社の製品を構成する物質を正しく特定することは非常に重要であり，物質の特定に関連して，特に注意すべきと考えられる6項目を次に紹介する.

1. 登録免除物質に該当するかどうか
2. ポリマーにおける登録対象物質
3. 不純物の取扱い
4. 物質の特定（substance identification）における物質のタイプ
5. 成形品と物質又は混合物との見極め
6. 中間体に該当するかどうか

(1)　登録免除物質に該当するかどうか

REACHでは，1.8節（25ページ参照）で述べたように，登録の対象外及び

登録を免除する物質が規定されており，登録作業に入る前にこの規定に該当するかどうかの確認が必要である．

附属書Ⅳ［第2条(7)(a)に従う登録の義務からの免除］及び附属書Ⅴ［第2条(7)(b)に従う登録の義務からの免除］にそれぞれ登録免除物質が示されているので，これらに合致すれば登録から免除される．

> 第2条（適用）
> 7.　次は，第Ⅱ編，第Ⅴ編及び第Ⅵ編から免除する．
> (a)　その固有の特性のために最小限のリスクしか生じないとみなされる十分な情報が知られている物質として附属書Ⅳに含まれる物質
> (b)　それらの物質に対して登録が不適当又は不必要とみなされ，これらの編からの免除が，本規則の目的を侵害しない物質として附属書Ⅴに含まれる物質

EUでは，研究・開発を促進する目的で，第9条［製品及びプロセス指向研究開発（PPORD）に関する登録のための一般的な義務の免除］において，PPORD（Product and Process Orientated Research and Development：製品及びプロセス指向研究開発）のために製造又は輸入される物質に対して，その量が限定的であれば5年間は登録の義務を免除するとしている．ただし，この免除の適用を受けるためには，該当する製造者，輸入者又は成形品の生産者は，第9条(2)で規定する情報をECHAに届け出なければならない．

この免除期間は，延長が研究開発プログラムによって正当化されることを証明できる場合には，申請によりさらに最大で5年間，ヒト用又は動物用医薬品用物質については，最大10年間延長される．

(2)　ポリマーにおける登録対象物質

ポリマーそのものについては，登録の対象外とされているが，第6条（物質そのもの又は混合物中の物質の一般的な登録の義務）において「ポリマーの構成成分であるモノマー物質又はその他の結合物質で，その重量比が2％以上，

かつそれらの各物質の合計量が年間1トン以上であれば，モノマー物質又はその他の結合物質は登録対象となる.」と規定されている.

まず，ポリマーに該当するかどうかの見極めが重要となる．第3条(5)において，ポリマーは次のとおり定義されている.

> 第3条（定義）
>
> 5）　ポリマーとは，1種類以上のモノマー単位が連続的に結合した分子により構成される物質で，これらの分子はその分子量の差による分子量分布を有していなければならない．ポリマーは次のものからなる.
>
> (a)　少なくとも一つの他のモノマー単位又はその他の反応物と共有結合している少なくとも三つのモノマー単位を含む分子による単純重量過半数の部分
>
> (b)　同一の分子量の分子による単純重量過半数より少ない部分

この定義は，ECHAが発行する“Guidance for monomers and polymers”[1)]でより詳しく説明されており，ポリマーの構成成分である“モノマー単位”及び“その他の反応物”とは何かが，エトキシ化フェノールを例にして解説されている（図2.4）.

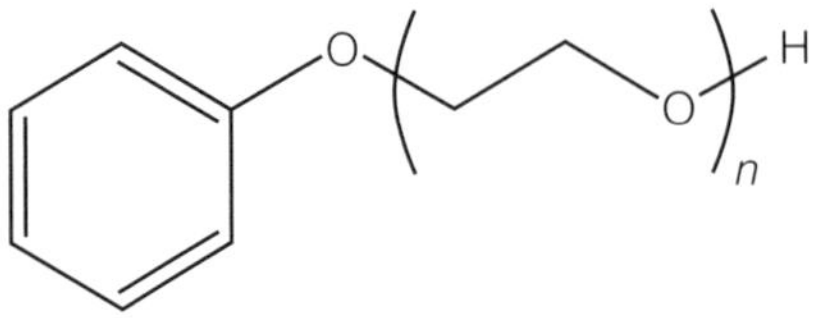

図2.4　エトキシ化フェノール（n：自然数）[1)]

モノマー単位［ポリマー中でモノマー物質の反応した形態：第3条(5)］とは，開いたエポキシド（$-CH_2-CH_2-O-$）であり，フェノールはエトキシル化反応の開始剤として作用し，その他の反応物となる.

次に分子量分布について，分子組成が異なるエトキシル化フェノール3物質を例にして，どのような場合にポリマーに該当するかが紹介されている（表

2.2）.

例1では，この物質は10%のエトキシル化フェノール（$n=2$），85%（$n=3$）及び5%（$n=4$）からなっている．この物質は同じポリマー分子（$n=3$）が85重量%を構成するため，第3条(5)のポリマーの定義を満たさない．したがって，ポリマーではなく，標準的な物質と考えられる．

例2では，物質の40重量%［$=15\%(n=3)+12\%(n=4)+8\%(n=5)+5\%(n=6)$］のみがポリマー分子（すなわち，$n\geqq3$の分子）で構成されており，例2もポリマー定義の基準に合致していない．したがって，これも標準的な物質とみなすことになる．

例3では，物質の85重量%［$=20\%(n=3)+30\%(n=4)+20\%(n=5)+10\%(n=6)+5\%(n=7)$］がポリマー分子（すなわち，$n\geqq3$の分子）で構成されており，しかも50重量%を超える濃度で同一分子量の成分が存在しないため，ポリマーの定義を満たしており，ポリマーに該当する．

このように，ポリマーはモノマー単位とその他の物質で構成され，ポリマーの維持に必要な添加剤（すなわち，安定剤）及び不純物は，その他の物質になるとガイダンス[1]では説明されている．

ポリマーには，しばしば着色剤や防曇剤等の機能を付与する添加剤が添加さ

表2.2　分子組成が異なるエトキシ化フェノール3物質[1]

（構造式：Ph–O–(CH₂CH₂O)$_n$–H）	例1（%）	例2（%）	例3（%）
$n=1$	0	40	5
$n=2$	10	20	10
$n=3$	85	15	20
$n=4$	5	12	30
$n=5$	0	8	20
$n=6$	0	5	10
$n=7$	0	0	5
合　計	100	100	100

れる場合があるが，これらの添加剤はポリマーを構成する成分ではなく，ポリマーに対する混合物の構成物質ということになり，ポリマーに対する配合比率に関係なく，年間1トン以上であれば登録の対象となるので，注意が必要である．

(3) 不純物の取扱い

不純物については，REACHの本文では定義されておらず，ECHA発行のガイダンス“Guidance for identification and naming of substances under REACH and CLP”[5)]において「製造された際に物質中に存在する意図しない成分．これは，出発原料に由来する場合もあれば，製造プロセス中の二次反応又は不完全な反応の結果である場合もある．それは最終物質に存在するが，意図的に添加されたものではない．」と定義されている．

物質は第3条(1)において定義されており，不純物はその構成成分と理解される．したがって，不純物そのものは登録の対象にはならない．

> 第3条（定義）
>
> 1）物質とは，化学元素及び自然の状態での，又はあらゆる製造プロセスから得られる化学元素の化合物をいい，安定性を保つのに必要なあらゆる添加物や，使用するプロセスから生じるあらゆる不純物が含まれる．

ポリマーにおける含有物質の中で，どの物質が不純物となるかの見極めも重要であり，ECHA Q&As（REACH）の“Polymers and monomers”[6)]にある“What is an impurity in a polymer?”に示されている．ポリマー中の不純物は，製造されたポリマー物質中に存在する意図しない成分として定義され，未反応のモノマー又はその他の反応物，重合触媒残渣又は製造工程から生じるコンタミ物質が例示されている．

(4) 物質の特定における物質のタイプ

REACHでは，物質が登録の対象であり，OSOR（One Substance, One Registration：1物質―1登録）の原則に従って，同一物質は共同で登録することになっている．物質の同一性を確認することは共同登録の出発点であり，それを可能にするのは，明確で正確な物質の特定（substance identification）である．ECHAによれば，主要な物質のタイプは次の3種に分類される[7]．

・単一成分物質（mono-constituent substance）

ある製法（化学反応）で製造された物質が，図2.5に示すように，いくつかの成分を有しており，その成分の一つである主成分が物質の少なくとも80重量％を構成する場合，その物質は単一成分物質と定義され，20重量％未満を構成する成分は不純物とみなされる．このルールは“80％ルール”と呼ばれるものである．単一成分物質の名称は，主成分の名称がそのまま使用され，その他の不純物は名称に言及される必要はない．

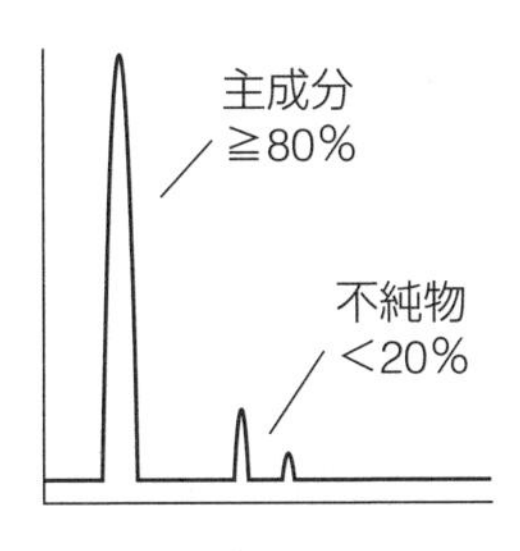

図2.5　単一成分物質[7]

・多成分物質（multi-constituent substance）

ある製法（化学反応）で製造された物質が，図2.6に示すように，いくつかの成分を有しており，その定量的組成として，複数の主成分が10重量％以上80重量％未満の濃度で存在する場合，その物質は多成分物質と定義される．その他の10重量％未満で存在する成分は不純物とみなされる．

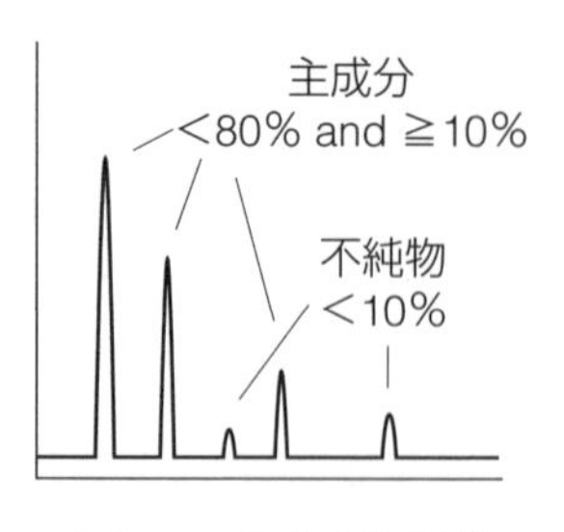

図 2.6　多成分物質 [7)]

多成分物質の特定名は，“主成分 (1) と主成分 (2) との反応生成物 [reaction mass of (1) and (2)]” となる（主成分の名称はアルファベット順とする）．表2.3に示すような多成分物質の場合，主成分（1）m-キシレンと主成分（2）o-キシレンとの反応生成物であるため，物質特定名は“m-キシレンとo-キシレンとの反応生成物”となる．

表 2.3　多成分物質の例とその特定名 [5)]

主成分	含有量（%）	不純物	含有量（%）	物質特定名
m-キシレン o-キシレン	50 45	p-キシレン	5	m-キシレンとo-キシレンとの反応生成物

・UVCB物質（substances of Unknown or Variable composition, Complex reaction products or Biological materials）

UVCB（組成が不明又は不定の構成物，複雑な反応生成物又は生物材料）物質は，図2.7に示すように，その化学組成によって完全には特定できない物質である．その理由には“成分数が比較的多い”“組成がかなりの部分で不明である”“組成の変動が比較的大きい及び／又はその予測が十分にできない”があげられる．そのため，UVCB物質の特定には，それらの化学組成についてわかっていることに加えて，名称，由来及び製造プロセス等の情報が用いられる．

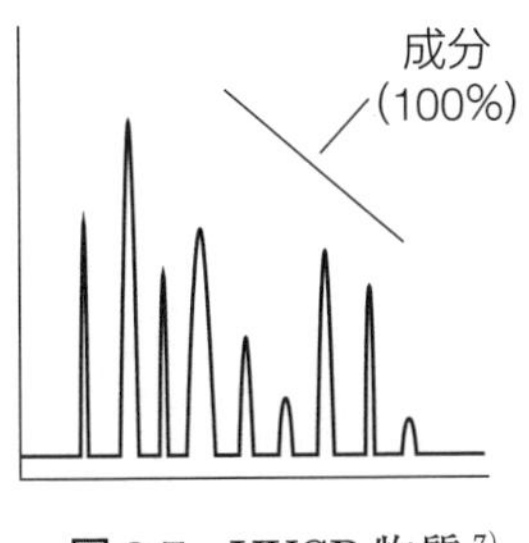

図 2.7　UVCB 物質[7)]

ECHA のガイダンス"Guidance for identification and naming of substances under REACH and CLP"[1)] には物質の特定方法が詳細に示されており，これらを参考にして登録物質を正しく特定することが求められる．

(5) 成形品と物質又は混合物との見極め

成形品は，第 3 条(3)において定義されている．

> 第 3 条（定義）
> 3）成形品とは，生産時に与えられる特定な形状，表面又はデザインがその化学組成よりも大きく機能を決定する物体をいう．

しかし，この定義のみでは，ある物品を成形品と判定するか，物質又は混合物と判定するか定かではない場合があり，ECHA はガイダンス"Guidance on requirements for substances in articles"[8)] において，成形品に該当するかどうかを判定するフローを提示している（図 2.8）．このフローでは，各段階で実施する事項が表 2.4 のように示されており，この実施事項に基づいて成形品に該当するかどうかを判断する．

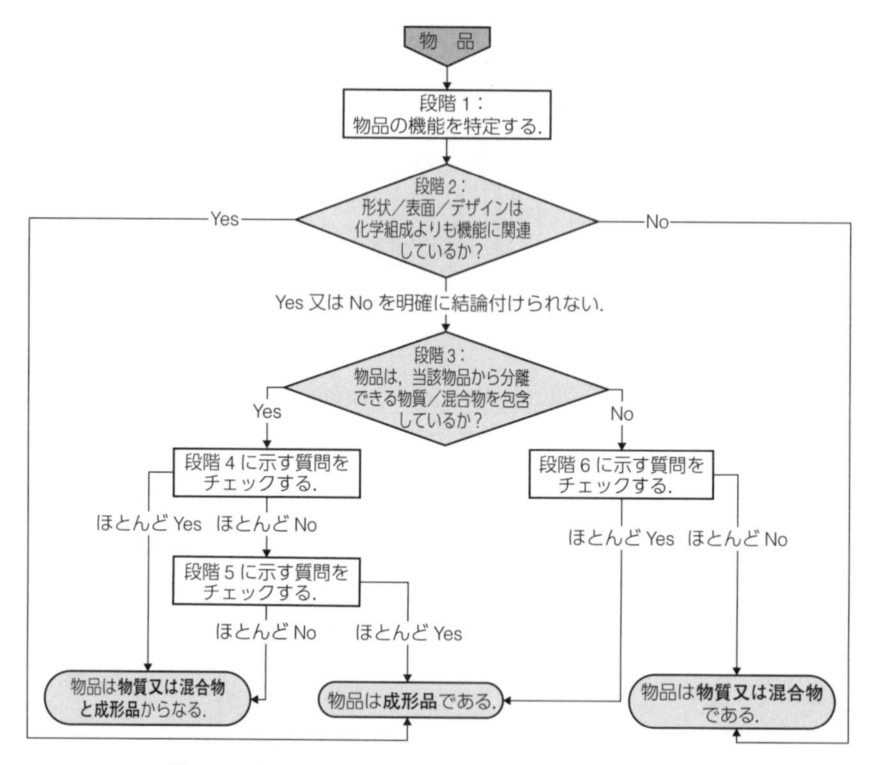

図 2.8　成形品に該当するかどうかを判定するフロー [8)]

表 2.4　成形品に該当するかどうかの判定フロー中の各段階での実施事項 [8)]

段階	確認事項
1	物品の機能を明確化［本ガイダンス [8)] の 2.1 参照］
2	物品の機能を発現するための物理的形態と化学的特性の重要性を比較する．物品の形状，表面又はデザインがその化学組成よりも機能に関連していると明確に結論付けられれば，物品は成形品である． 　形状，表面又はデザインが化学組成と同等又はそれ以下の重要性であれば，それは物質又は混合物となる． 　**物品が成形品の REACH の定義を満たすかどうかを明確に結論付けることができない場合は，より詳細な評価が必要であり，段階3に進む．**
3	物品（非常に単純な方法，あるいは非常に洗練された方法で構成された）に，物品から物理的に分離できる物質又は混合物が含まれているかどうかを判断する（例えば，注ぐ又は絞ることによって）．

表 2.4　（続き）

段階	確認事項
3 （続き）	問題の物質又は混合物（固体，液体又は気体である可能性あり）が，物品中に封入することができる（例えば，温度計の液体又はスプレー缶のエアロゾルなど）又は物品はそれらを表面に移動できるものである（例：ウェットクリーニングワイプ）． **これが物品に当てはまる場合は段階 4 に進み，そうでなければ段階 6 に進む．**
4	当該物品中の化学物質の含有が，その不可欠な部分であるか（したがって，対象物品全体が REACH で定義された成形品であるか），あるいは容器や担体材料としての対象物品のその他の機能に対して物質又は混合物であるかどうかを判断するため，次に示す質問に回答する．質問 4a，質問 4b，質問 4c が準備されている．
5	段階 4 の質問への回答がほとんどない場合は，次の質問を使用して，物品全体を実際に成形品とみなすべきか，成形品（容器や担体材料の機能を有する）と物質／混合物との組合せであるかをクロスチェックする必要がある．質問 5a，質問 5b，質問 5c が準備されている．
6	段階 3 での評価では，物品には物理的に分離できる物質又は混合物は含まれていない．しかし，物品が REACH の成形品の定義を満足するかどうかを判断するのは，場合によっては依然として難しい場合がありうる．一般的な例は，最終製品に向けてさらに加工される原材料や半製品であるが，他の場合もある．これらの場合，物品が成形品であるかどうかをより適切に判断するために，次に示す質問が使用できる． これらの質問は，機能に関連して形状／表面／デザインに対する化学組成の重要性の評価をサポートするため，したがって，成形品の定義の適用を容易にすることにのみ使用できる．質問 6a から質問 6d が準備されている．

本書では，紙幅の都合もあり，段階 4 から段階 6 に示されている詳細な質問事項（例えば，質問 4a や質問 5a）は記載していないため，詳しくは同ガイダンス[8]を参照されたい．特に，成形品と混合物（又は混合物と成形品からなる物品）との境界にあるような物品については，判定のためにこのフローに基づいて実施した事項及びその結果を文書化しておくことが推奨される．

(6)　中間体に該当するかどうか

中間体は，第 3 条(15)において定義されており，(a) 非単離中間体，(b) サイト内単離中間体，(c) 輸送単離中間体に区別される．

第3条（定義）

15）中間体は，他の物質に変換されるための化学的処理（以下“合成”という）のために製造され，その処理において消費される，又は使用される物質を意味する．

(a) 非単離中間体（non-isolated intermediate）は，合成の間に，合成が行われる装置から意図的には取り出されない（試料採取を除き）中間体を意味する．そのような装置は，反応器，その補助装置及び次の反応段階のためにある容器から別の容器に移す配管など，当該物質が連続フロー又はバッチプロセス中に通過するあらゆる装置を含むが，製造後にその物質を貯蔵するタンク又は他の容器は除かれる．

(b) サイト内単離中間体（on-site isolated intermediate）は，非単離中間体の基準に適合しない中間体であって，その中間体の製造やその中間体から他の物質への合成が同一のサイトで1以上の法人組織によって行われるものを意味する．

(c) 輸送単離中間体（transported isolated intermediate）は，非単離中間体の基準に適合しない中間体であって，他のサイトとの間で輸送又は供給されるものを意味する．

(a) 非単離中間体［第2条(1)］：REACHの適用対象外とされている．

(b) サイト内単離中間体（第17条）：サイト内単離中間体を年間1トン以上製造する製造者は，当該中間体がライフ・サイクル全体を通して技術的手段によって強度に封じ込まれ，厳密な管理条件下においてのみ製造及び／又は使用されることを確実にできる場合には，表2.5に示す軽減された登録情報の提出が適用される．

(c) 輸送単離中間体（第18条）：輸送単離中間体を年間1トン以上製造又は輸入する製造者又は輸入者は，当該中間体が製造，精製から廃棄及び使用設備の洗浄等を含めてライフ・サイクル全体を通して技術的手段によって強度に封じ込まれ，厳密な管理条件下においてのみ取り扱われることを，製造者又は輸

表 2.5　サイト内単離中間体及び輸送単離中間体での軽減された登録要件

項　目	サイト内単離中間体	輸送単離中間体
条　文	第 17 条	第 18 条
登録者	当該中間体の製造者	当該中間体の製造者又は輸入者
登録に提出が必要な情報	(a) 製造者の特定情報	
	(b) 中間体の特定情報	
	(c) 中間体の分類	
	(d) 中間体の物理化学的性状，ヒトの健康又は環境特性に関する利用可能な既存情報．完全調査報告書が利用可能な場合は，調査の要約	
	(e) 使用の，簡潔で一般的な説明	
	(f) 適用されるリスク管理措置に関する情報	(f) 適用されるリスク管理措置及び使用者に推奨されるリスク管理措置に関する情報
	—	年間 1 000 トン以上では，附属書 VII に定める情報

入者自身が確認するか，又はその使用者から確認を受けた場合には，表 2.5 に示す軽減された登録情報の提出が適用される．

中間体に該当するかどうかについては，ECHA が提供するガイダンス“Guidance on intermediates”[1)]の“APPENDIX 4: Definition of intermediates as agreed by Commission, Member States and ECHA on 4 May 2010”で詳細に説明されているので，そちらを参照されたい．

サイト内単離中間体及び輸送単離中間体において，軽減された登録が可能かどうかは，当該中間体のライフ・サイクルを通して強度に封じ込まれ，厳密な管理条件下において製造及び／又は使用される，若しくは取り扱われることにかかっている．特に，輸送単離中間体については，使用者である顧客での取扱いが重要であり，顧客と共同して厳密な管理を実施しなければならない．

2.1.3　登録者の決定

REACH における登録の義務を有する者は，次の 3 者に分類される．

・物質そのもの又は混合物に含まれる物質の EU 域内での製造者又は輸入者

・意図的な放出物質を含有する成形品のEU域内での生産者又は輸入者

・EU域外の製造者，混合物調合者又は成形品生産者によって任命されたEU域内に拠点を有するOR

ORは，第8条においてその条件や果たすべき責務が規定されているが，名称のとおり，EU域外の事業者にとってREACHにおける“唯一の代理人”であり，EUにおける化学品管理において非常に重要な役割を有している．

> 第8条（欧州共同体外の製造者の唯一の代理人）
>
> 2. 代理人は，また，本規則に基づく輸入者の他のすべての義務を遵守しなければならない．この目的で，代理人は，物質の実際的な取扱いに関する十分な経歴及びそれらに関する情報をもたなければならず，第36条を侵害することなく，輸入量及び販売先の顧客に関する情報及び第31条に記す安全データシートの最新更新版の提供に関する情報を利用可能で，かつ最新の状態に保たなければならない．

ORは，まさにEU域外事業者のEUにおける耳目の役割を果たすとともに，当局等からの情報を理解し，解析してEU域外の指名者に伝達する能力が望まれる．そのような観点で，ORを選定する際には，ECHAや存立する加盟国の当局と情報交換が可能な良好な関係を築いているかどうかも確認項目の一つとなる．また，EUにおける事業を展開する際の化学品規制に関するコンサルタントとしての機能も期待される．

ECHAが“Selecting a consultant”[9)]として，コンサルタント会社を選定する際の基準を公開しており，OR指名に際しても活用できる．ORは，その力量を見極め，慎重に選定する必要がある．

EU域外の製造者は，第8条に従ってORを指名した場合には，同一のサプライチェーンにおける輸入者にその指名について通知しなければならない．これらの輸入者は川下ユーザーとみなされることになり，ORは本規則に基づく輸入者の他のあらゆる義務を遵守しなければならない（図2.9）．

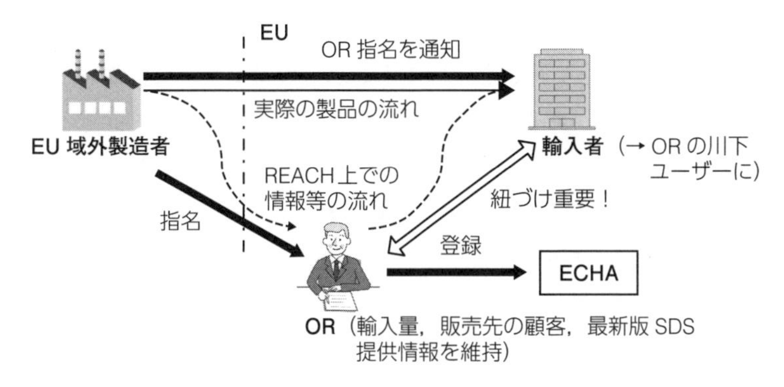

図 2.9　OR の位置付け

川下ユーザーとなる輸入者は，その輸入者を REACH 登録でカバーする OR に対して，OR による REACH 登録によってカバーされていることを確認し，場合によって必要な情報を提供することに同意する“インポーター・レター”（importer letter）と呼ばれる文書を OR に交付することによって，結び付きを明確にしておくことが重要である（図 2.10）.

インポーター・レター

当該物質（識別情報）が REACH 登録対象であること，その物質に関して OR（具体名）の川下ユーザーに位置付けられたことを了解する.

- OR が管理すべき情報を OR（あるいは，OR 指名者経由で OR）に伝えることを認識する.
  - 輸入者の連絡先情報（担当者氏名，住所，e-mail，電話番号）
  - 要望する使用情報 [化学品安全性報告書（CSR）作成のために]
- 情報に変更がある場合は，OR に連絡する.
- 法令遵守責任や当局から直接登録状況の照会があれば，その旨を OR に連絡する.

輸入者サイン

図 2.10　インポーター・レター（OR 宛の確認・同意レター）の記載事項（例）

2.1.4　登録時期

事業者は，EUにおいて物質を年間1トン以上の量で製造又は輸入を開始する前に，登録する必要がある．製造・輸入数量はカレンダー年で計算する．当該物質を登録する前には，2.1.1項（34ページ参照）で示したように，製造者又は輸入者は，同じ物質がそれまでに登録されているかどうかをECHAに照会（問合せ）しなければならない．

2.1.5　登録前の照会

登録前のECHAへの照会として，これから登録を予定する“潜在的登録者（potential registrant）”は，第26条(1)で規定する情報を提出しなければならない．

第26条（登録前に照会する義務）

1. 非段階的導入物質のあらゆる潜在的登録者又は第28条に基づき，予備登録していない段階的導入物質の潜在的登録者は，同一物質についてすでに登録が提出されているかどうかをECHAに照会しなければならない．潜在的登録者は，照会とともに次のすべての情報をECHAに提出しなければならない．

(a) 使用現場を除き，附属書VIのセクション1に定める登録者の特定情報

(b) 附属書VIのセクション2に定める物質の特定情報

(c) どの情報の要件が，潜在的登録者により実施される，脊椎動物を含む新しい調査を要求しているか．

(d) どの情報要件が，潜在的登録者により実施される，他の新しい調査を要求しているか．

潜在的登録者は，ECHAからの照会の結果を待つことになる．ECHAは，照会での提供情報に基づいて，同一物質が登録されていなければ，照会者にその旨通知しなければならない．同一物質がすでに登録されていれば，照会者は

REACH-IT（1.7 節，25 ページ参照）の関連する共同登録者ウェブページに誘導される．そのページで他の登録者(登録実施者はメンバー登録者と呼ばれる)及び同じ物質の潜在的登録者に関して，次の情報を入手することができる．

・連絡先の詳細：これまでの登録者及び可能な場合には，他の照会者（潜在的登録者）の名称と住所

・調査結果：各エンドポイント（有害性項目）の提出者の連絡先の詳細リストと 12 年以上前に提出された（ロバストな）調査記録の識別子 UUID（Universally Unique IDentifier）

これらの情報により，潜在的登録者は既存の登録者に接触が可能となり，物質の同一性について協議し，同一性が確認されれば，既存データの共有を要請し，それらの情報で登録することが可能となる．

ECHA への照会は登録プロセスの第一歩であり，潜在的登録者は，ECHA のウェブサイト "Inquiry"[10] 等を参考にして，確実にかつ慎重に照会プロセスに臨むことが望まれる．

2.1.6　登録に必要な情報

登録に必要な情報は，第 10 条（一般的な登録のために提出が求められる情報）に特定されており，技術文書及び製造・輸入量が 1 物質当たり年間 10 トン以上に求められる CSR（Chemical Safety Report：化学品安全性報告書）である．技術文書に必要な情報の要件は，表 2.6 のように整理される．

表 2.6　登録の技術文書に必要な情報の要件

(a) 技術文書（technical dossier）には次が含まれる．
（i）附属書 VI のセクション 1 に定める製造者又は輸入者の特定情報
（ii）附属書 VI のセクション 2 に定める物質の特定情報
（iii）附属書 VI のセクション 3 に定める物質の製造及び用途に関する情報（この情報は，登録者の特定された使用をすべて表示しなければならない．登録者が適切とみなす場合には，この情報に関連する使用・ばく露区分を含めることができる．）
（iv）附属書 VI のセクション 4 に定める物質の分類及び表示

(v)　附属書VIのセクション5に定める物質の安全な使用に関する指針
(vi)　附属書VIIから附属書XIまでの適用により得られる情報の調査要約書
(vii)　附属書Iに基づき求められる場合には，附属書VIIから附属書XIまでの適用によって得られる情報のロバスト調査要約書
(viii)　(iii)，(iv)，(vi)，(vii)又は(b)に基づいて提出された情報のいずれが，製造者又は輸入者により選任され，かつ適切な経験を有する評価者によるレビューを受けているかについての指摘
(ix)　附属書IX及び附属書Xに列記されている試験に関する提案
(x)　1トンから10トンの量の物質については，附属書VIのセクション6に定めるばく露情報
(xi)　第119条(2)の情報のいずれについて，製造者又は輸入者が第77条(2)(e)に従ってインターネット上で利用可能にすべきではないと考えているかという要請（なぜ公表がその者又は他のあらゆる関係者の商業上の利益にとって有害になるかについての正当な根拠を含む.）

登録に必要となる情報は，製造・輸入量に応じて異なり，その量が多いほど必要な情報の要件が段階的に追加されていく仕組みになっている.

製造・輸入量が年間1トン以上については附属書VIIに規定され，10トン以上については附属書VIII，100トン以上については附属書IX，1 000トン以上については附属書Xにそれぞれ規定されている（表2.7）.

附属書VIIでは，物理化学的性状に関する情報に加えて，皮膚刺激性や*in*

表2.7　製造・輸入量に応じた標準登録情報要件

区　　分	附属書VII	附属書VIII	附属書IX	附属書X
7 物理化学的特性情報	7.1, 7.2, 7.3, 7.4, 7.5, 7.6, 7.7, 7.8, 7.9, 7.10, 7.11, 7.12, 7.13, 7.14		7.15, 7.16, 7.17	
8 毒性情報	8.1, 8.1.1, 8.1.2 8.2, 8.2.1 8.3, 8.3.1, 8.3.2 8.4.1 8.5.1	8.1（付帯条件） 8.2（付帯条件） 8.4.2, 8.4.3 8.5.2, 8.5.3 8.7.1 8.8.1	8.6.1, 8.6.2 8.7.2, 8.7.3	8.6.3 8.7.3 8.9.1

表 2.7　（続き）

区　分		附属書 VII	附属書 VIII	附属書 IX	附属書 X
9 生態毒性情報		9.1.1, 9.1.2 9.2.1.1	9.1.3, 9.1.4 9.2.2.1 9.3.1	9.1.5, 9.1.6 9.2.1.2, 9.2.1.3, 9.2.1.4, 9.2.3 9.3.2, 9.3.3 9.4.1, 9.4.2, 9.4.3	 9.2 9.3.4 9.4.4, 9.4.6 9.5.1 9.6.1
トン数帯（トン／年）	1～10	○			
	10～100	○	○		
	100～1 000	○	○	○	
	≧1 000	○	○	○	○

vitro 遺伝子突然変異試験などのヒトの健康への毒性情報，水生無脊椎動物の短期毒性試験や水生植物の成長阻害試験などの生態毒性情報が要求されている．

附属書 VIII では，反復投与毒性や生殖毒性などのヒトの健康に関連する毒性情報や魚類による短期毒性試験や環境中運命*予測のための吸着・脱着スクリーニング試験など，生態毒性に関連する情報が要求され，附属書 IX 及び附属書 X では，ヒトの健康，生態毒性及び環境中運命のエンドポイントに関して，より複雑で長期的な調査・研究が必要となる情報が追加されている．

これらの試験項目については，『EU 新化学品規則 REACH がわかる本』（財団法人化学物質評価研究機構編，工業調査会，2007）にわかりやすく丁寧に解説されている．

登録のために収集された試験データ等は “Guidance on Information Requirements and Chemical Safety Assessment Part B: Hazard assessment”[11] に示されている信頼性（reliability），妥当性（relevance），適切性（adequacy）の観点から，データの質を確認する必要がある（表 2.8）．なお，各用語の意味するところが REACH のガイダンスのみでは理解し難いため，表 2.8（右欄）

* 大気，水域，土壌などの環境媒体中に排出された化学物質の媒体中での挙動

表 2.8　データの質における確認項目

項　目	内　容	
	REACHガイダンス	政府向けGHS分類ガイダンス
信頼性：Reliability	好ましくは標準化された方法論とその方法に関連し，実験手順と結果が，見出したものの明確さと妥当性の証拠を提供するように記載された試験報告書又は出版物の固有の品質	実施試験は標準的方法（TG：Test Guideline）やGLP（Good Laboratory Practice：優良試験所基準）に基づいているか（科学的に明確な証拠を十分に提示しているか）.
妥当性：Relevance	データ及び試験が特有の危険・有害性の特定又はリスクの判定*に対して適切であるかの程度	用いた試験法や得られたデータは，ヒトにおける有害性評価への利用に妥当か.
適切性：Adequacy	危険・有害性／リスクの評価の目的に対する，データの有用性	用いた試験法や得られたデータは，目的とするハザード／リスク評価に利用可能か（バリデートされた試験か）.

*　2.1.7項（1）“ステップ7：リスクの判定”（75ページ）を参照

には，経済産業省発行の『政府向けGHS分類ガイダンス［令和元年度改訂版(Ver. 2.0)］』[12]での各解釈を付記している.

特に試験データを取り扱ううえでは信頼性が重要であり，Klimischら(1997)が特に毒物学及び生体毒性学データの信頼性を評価するために開発したスコアリング・システム“Klimisch code”[13]の適用が推奨されている.

このシステムは，次の四つの信頼性区分から構成される.

コード1：制限なしで信頼できる（reliable without restriction）

コード2：制限付きで信頼性がある（reliable with restrictions）

コード3：信頼できない（not reliable）

コード4：分類不能（not assignable）

REACHの登録に使用するデータは，国際的に認められているテストガイドライン（OECD等）に従って，GLPに基づいて実施された試験によるデータかどうかなど，信頼性を慎重に評価し，Klimisch codeを適用して，より信頼性の高い，少なくとも“Klimisch code 2”以上のデータを採用すべきである.

化学物質を年間10トン以上製造又は輸入する事業者は，技術文書に加えて，当該物質に対して，附属書 I に書式が規定されている CSR を提出しなければならない．その詳細については，次項で説明することにする．

2.1.7　化学品安全性評価（CSA）及び化学品安全性報告書（CSR）

登録時に年間 10 トン以上製造又は輸入する物質には，第 14 条（化学品安全性報告書及びリスク軽減措置を適用し，推奨する義務）に基づき，CSA（Chemical Safety Assessment：化学品安全性評価）を実施し，CSR を作成する義務がある．

第 14 条（化学品安全性報告書及びリスク軽減措置を適用し，推奨する義務）

1. 指令 98/24/EC の第 4 条を侵害することなく，登録者当たり年間 10 トン以上で，本章に従って登録の対象となるすべての物質に対し，化学品安全性評価を行い，化学品安全性報告書が作成されなければならない．

　化学品安全性報告書は，物質そのもの，混合物中又は成形品中の物質又は物質のグループのいずれかについて，第 2 項から第 7 項及び附属書 I に従って実施する化学品安全性評価を文書化したものでなければならない．

2. （省略）
3. 物質の化学物質安全性評価は，次のステップを含むものとする．

(a) ヒトの健康有害性の評価
(b) 物理化学的危険性の評価
(c) 環境有害性の評価
(d) 難分解性，生物蓄積性及び毒性（PBT）及び極難分解性で高生物蓄積性（vPvB）に関する評価

4. 第 3 項のステップ (a) から (d) を実施した結果として，登録者が，物質は規則 (EC) No 1272/2008 の附属書 I に記載されている次の (a) から (d) [注：(a) から (d) は省略] の危険・有害性クラス又は区分のいずれかの基準を満たす，あるいは，PBT 又は vPvB であると評価される

と結論を出す場合には，化学品安全性評価は次の(a)，(b)の追加ステップを含まなければならない．

(a) ばく露シナリオの作成（又は適切であれば，関連する使用・ばく露カテゴリーの特定）及びばく露推定を含むばく露評価

(b) リスクの判定

ばく露シナリオ（適切な場合，その使用とばく露カテゴリー），ばく露評価及びリスク判定は，登録者のすべての特定された使用を対象としなければならない．

CSAとは，対象とする化学物質の固有特性及びそのライフ・サイクルの全段階における製造やすべての“特定された使用（identified use）”に関する情報を収集した後，それらの情報に基づいて物質の製造や使用に起因するリスクを管理する条件を確定し，すべての特定された使用に対して安全な使用条件（操作条件とリスク管理措置）を記載したESをまとめ上げるプロセスである．

通常，ESは，使用における多くの寄与する作業／活動（移動，混合，噴霧，浸漬，ブラッシング，機器・機械の洗浄など）をカバーしており，一つずつの作業や活動に対応する使用条件は“寄与シナリオ（Contributing Scenario：CS）”と呼称される．なお，“特定された使用”と“ばく露シナリオ”については，第3条で次のように定義されている．

第3条（定義）

26) 特定された使用は，サプライチェーンにおける行為者によって意図された物質そのもの又は混合物に含まれる物質の使用又は混合物の使用であり，その者自身の，又は直下の川下ユーザーから書面で通知されたものを含め，サプライチェーンの行為者によって意図された使用を意味する．

37) ばく露シナリオは，その物質がライフ・サイクルにおいてどのように製造され又は使用されるか，そして製造者又は輸入者がどのようにヒ

ト及び環境へのばく露を管理するか，又は川下ユーザーにその管理を推奨するかを記述した，操作条件及びリスク管理措置を含む条件一式を意味する．

これらのばく露シナリオは，特定の一つのプロセス又は使用，適切な場合には，いくつかのプロセス又は使用を含めてもよい．

具体的には，登録のために収集した情報に基づいて物質の有害性を確定し，一方，すべての特定された使用に対応してES，すなわち，OC（Operational Conditions：操作条件）とRMM（Risk Management Measures：リスク管理措置）を含む安全な使用条件を設定し，これらの条件下で予想されるばく露量を推定する，推定されたばく露量と有害性とを比較し，初期に設定した安全な使用条件でリスクが管理されているか結論付ける．

もし，リスクが管理されていないと結論されれば，情報の再収集や安全な使用条件の見直し等を行って，リスクが管理されている条件が見出されるまで繰り返すことになる．

ECHAが，CSAの実施手順及びCSAを実施するうえでの注意事項等をECHAが開催したウェビナー"Chemical Safety Assessment and Chesar"[14]で説明しているので参考にされたい．なお，ChesarはCSAの実施，並びにCSR及びESの作成を支援するためにECHAが開発したアプリケーションである．

（1）CSA

CSAの実施手順（CSAプロセス）は，附属書Iの(0)から(6)で示されている．この手順は，ECHAが発行するガイダンス"Guidance on Information Requirements and Chemical Safety Assessment(IR&CSA)"における"Concise Guidance A-F"及び"In Depth Guidance R.2-R.20"[15]で詳しく解説されている（図2.11）．また，環境省の委託事業として，一般財団法人化学物質評価研究機構によって作成された『REACHにおける化学物質安全性評価（CSA）の要点（案）』[16]も参考になる．

これらのガイダンスが示す CSA プロセスの概要は図 2.12 のとおりであり，表 2.9 に示す手順で実施する．その手順の概要を以下に記す．

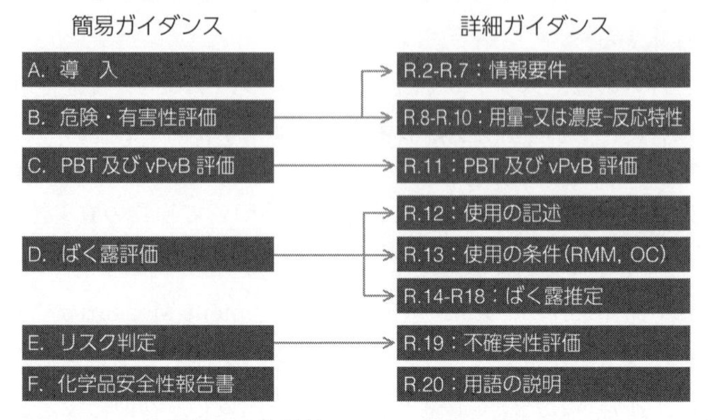

図 2.11　ECHA が発行する化学品のリスク評価に関するガイダンスの構造

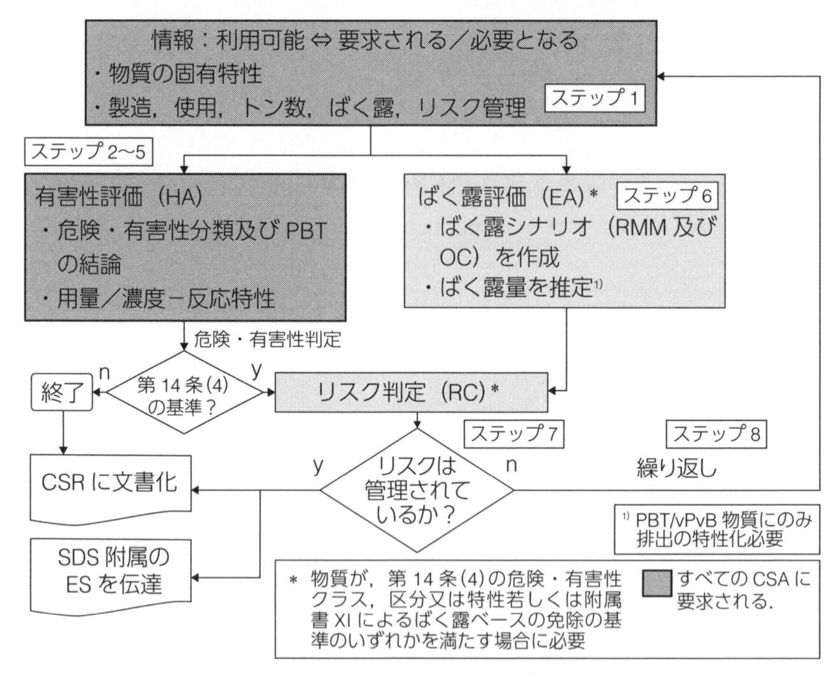

図 2.12　CSA プロセスの概要

［出典：Guidance on Information Requirements and Chemical Safety Assessment Part A: Introduction to the Guidance document[15)]］

表 2.9　CSA プロセスの実施手順

ステップ	実施事項
1	固有の特性に関する入手可能で要求される情報の収集と作成
2	ヒトの健康有害性の評価：分類及び DNEL（Derived No-Effect Levels：導出無毒性量）の導出を含む．
3	物理化学的危険性の評価：分類を含む．
4	環境有害性の評価：分類及び PNEC（Predicted No-Effect Concentrations：予測無影響濃度）の推定を含む．
5	PBT（Persistent, Bioaccumulative and Toxic：難分解性，生物蓄積性及び毒性），vPvB（very Persistent and very Bioaccumulative：極難分解性及び高生物蓄積性）物質の評価
危険・有害性判定	危険・有害性の評価結果として，物質が第 14 条(4)に定める危険・有害性のクラス，区分又は特性を満たすことが判明すれば，ばく露評価とそれに続くリスク判定が要求される．
6	ばく露評価（ES の作成とばく露量の推定を含む．）
7	RC（Risk Characterisation：リスクの判定）
8	CSA の繰り返し リスクの判定で，リスクが管理されていないと判断されれば，リスクが管理されていることを説明できるようになるまで，CSA を繰り返すことが必要になる場合がある．

ステップ 1：固有の特性に関する情報の収集と作成

CSA プロセスのステップ 1 では，利用可能なすべての関連情報を収集・編集し，評価する．関連情報には，物質の固有特性，製造と使用，その後のライフサイクルの各段階及びその段階での関連する排出とばく露が含まれる．ここで収集し，編集された情報が，以降のすべての CSA 活動，例えば，有害性評価や必要に応じて実施するばく露評価の基盤となる．

物質の固有特性に関する情報の入手及び生成プロセスは，次の 4 段階の手順による．

手順 1：物質の固有特性に関する入手可能な情報（自社データ，文献，有害性評価書等）を収集し，この情報を（可能な範囲で）SIEF 内の他の事業者と交換し，共有する．情報交換においては，競争法に抵触しないように注意する．

手順2：附属書VIIから附属書Xに規定されている固有特性に関する標準的な情報要件と状況によって，標準的な要件から逸脱するための主要なオプションである附属書XIとを比較し，必要な情報を決定する．附属書XI（附属書VIIから附属書Xまでに規定する標準的な試験レジームの適応に関する一般規定）では，標準的な試験を実施するのではなく，その適応（adaptation）として，次のような手法等が示されている．

・定性的又は定量的構造活性相関［(Q)SAR］

・*in vitro* 法

・リード・アクロス（read-across）法：類似物質をカテゴリー化して，物理化学的特性や有害性等を予測する手法

詳細は，ガイダンス“Adaptation of information requirements (Chapter R.5)”[15]を参照されたい．

手順2は，製造，使用及びばく露に関する情報を考慮して，繰り返し実施する可能性があることは認識しておく必要がある．

手順3：必要な情報（手順2）と入手可能な情報（手順1）とを比較し，情報のギャップを特定する．

手順4：新たにデータを生成するか及び／又はテスト戦略を提案する．

ステップ2：ヒトの健康有害性の評価

ヒトの健康に関する有害性の評価は，次の3段階の手順によって実施する．

手順1：情報を評価する．

・利用可能なすべての関連情報に基づいて有害性を特定する．

・定量的用量(濃度)－反応(影響)関係の確立(これが不可能な場合)又は半定量的又は定性的分析を行う．

手順2：CLPに従って，分類と表示を決定する．

手順3：DNEL（Derived No-Effect Levels：導出無毒性量）を特定する．

この有害性評価では，次のエンドポイントについて考慮しなけれ

ばならない．

・トキシコキネティクス（吸収，代謝，分布及び排泄）・急性影響（急性毒性，刺激性及び腐食性）・感作性・反復投与毒性・CMR影響（Carcinogenity：発がん性，germ cell Mutagenicity：生殖細胞変異原性，toxicity for Reproduction：生殖毒性）

このステップ2では，ステップ1で収集した利用可能な情報に基づいて各エンドポイントにおける有害性を特定し，その結果に基づいてCLPによる分類と表示を決定し，続いて，可能な項目についてDNELを導き出す．詳細は，ガイダンス“Characterisation of dose［concentration］-response for human health（Chapter R.8）”[15]を参照されたい．

分類と表示の決定に際して，特にCMR影響の判定には慎重を期す必要がある．CMR影響は，2.3節（103ページ参照）で述べているとおり，認可候補物質（SVHC）指定の判定基準の一つであり，登録物質を登録者自身がCMR物質であると認めることになりかねないからである．

DNELは「その量（レベル）を超えてヒトがばく露されるべきではない物質へのばく露レベル」と定義され，図2.13のように，入手可能なすべての有害性情報を評価し，用量記述子であるNOAEL（No Observed Adverse Effect Level：無毒性量）又はLOAEL（Lowest Observed Adverse Effect Level：最小毒性量）

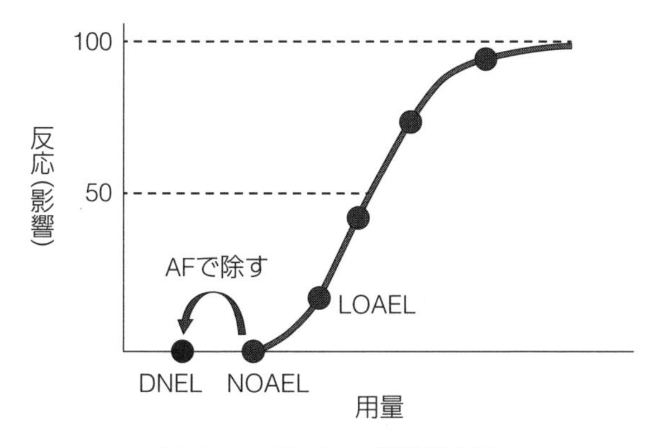

図2.13　DNELの導出概念図

を試験データ等により確定し，アセスメント係数で除して算出する.

DNELは，物質に対して，特定された使用におけるあり得そうな経路，ばく露期間や頻度を反映して設定する必要があり，関連するヒトの集団のそれぞれ（例えば，労働者，消費者や環境を通して間接的にばく露されやすい者）に対して，また場合によっては，ある被害を受けやすい亜集団（例えば，子ども，妊婦）に対して，及び異なるばく露経路に対して，異なるDNELを導出することが求められる.

DNELの導出にあたり，実験データから実際のヒトのばく露状況を推定する際の不確実性に対処するために，AF（Assessment Factor：アセスメント係数）が適用される．ガイダンス“Chapter R.8”[15]では，次に示す不確実性に対するAFがそれぞれ説明されている.

・生物種間差：実験動物とヒトの間の感度の違いに対処する.
・生物種内差：ヒトは，遺伝子多型，年齢，性別，健康状態，栄養状態などの多数の生物学的要因により，感受性が異なる.
・ばく露頻度及び期間差：頻度及び期間が長くなれば，より影響は増大化
・ばく露経路間の外挿における不確実性：経口，経皮，吸入データ間の差異
・用量－反応（影響）関係における不確実性：NOAELとLOAELとの差異
・データセットに関連するその他の側面（定量的には合意されていない.）

Overall AF（全体的な*AF*）は，個々の*AF*を単純に乗じることによって算出され，*DNEL*は，次式のように，*NOAEL*を全体的な*AF*で除すことによって算出される.

$$DNEL=\frac{NOAEL}{AF1\times AF2\times\cdots AFn}=\frac{NOAEL}{Overall\ AF} \qquad \cdots\cdots\cdots\cdots\cdots (2.1)$$

ステップ3：物理化学的危険性の評価

物理化学的危険性の評価では，ヒトの健康に潜在的な影響をもたらす，少なくとも次の三つの物理化学的危険性について評価する必要がある.

・爆発性

・可燃性

・酸化性

特に火災，爆発又はその他の危険な化学反応を引き起こす危険な化学物質の属性から生じる潜在的な影響の評価には，次を含めるようにする．

・化学薬品の物理化学的性質に起因する危険性

・保管，輸送及び使用において特定されたリスク要因

・発生した場合の推定重大度

物理化学的危険性評価の結果をもとに，CLP に従って物質の分類と表示を決定する．物質を特定の危険性に分類すべきかどうかを決定するためにデータが不十分である場合には，登録者は，結果として取った行動又は判断を提示し，その正当性を示さなければならない．

ステップ 4：環境有害性の評価

環境有害性の評価は，ステップ 2 とほぼ同様の次の 3 段階の手順による．

手順 1：情報を評価する．

・利用可能なすべての関連情報に基づいて有害性を特定する．

・定量的用量（濃度）－反応（影響）関係の確立（これが不可能な場合）又は半定量的又は定性的分析を行う．

手順 2：CLP に従って，分類と表示を決定する．

手順 3：PNEC（Predicted No-Effect Concentrations：予測無影響濃度）を特定する．

環境有害性の評価では，次に示す環境コンパートメント（環境媒体からなる区域）への潜在的影響について考慮しなければならない．

・水コンパートメント（底質を含む．）

・陸コンパートメント

・大気コンパートメント

これらには，次の影響を含めて，考慮しなければならない．

・食物連鎖での蓄積を経て起こりうる潜在的影響

・下水処理システムの微生物学的活性の潜在的影響

環境有害性の評価では，上述の各環境コンパートメントにおいて，次のエンドポイントについて考慮しなければならない．水生環境有害性の評価では，食物連鎖における栄養段階を区別して，一時生産者である藻類，一次消費者である無脊椎動物（主にミジンコを使用）及び二次消費者である魚類が指標生物として用いられる．

・水生毒性（急性毒性，慢性毒性）
・底質毒性（下水処理システムの微生物に対する毒性を含む．）
・分解及び生分解
・水生生物蓄積及び生体蓄積
・陸生生物蓄積
・鳥類への長期間毒性
・陸生生物毒性

ガイダンス“Characterisation of dose [concentration]-response for environment（Chapter R.10）”[15]には，表2.10に示すように，内陸及び海洋コンパー

表2.10　内陸及び海洋コンパートメントにおけるリスク判定対象

コンパートメント	対　象	ばく露媒体	PNEC
内　陸	水生生物	表層水	$PNEC_{water}$
	底生生物	底　質	$PNEC_{sed}$
	陸生生物	農業土壌	$PNEC_{soil}$
	魚類を食する捕食者	魚　類	$PNEC_{oral\ from}$ $NOAEL_{avian/mammalian}$
	ミミズを食する捕食者	ミミズ	$PNEC_{oral\ from}$ $NOAEL_{avian/mammalian}$
	微生物	下水処理施設	$PNEC_{microorganisms}$
海　洋	水生生物	海　水	$PNEC_{water}$
	底生生物	海洋底質	$PNEC_{marine\ sed}$
	魚類を食する捕食者	魚　類	$PNEC_{oralpredators}$
	最上位捕食者	魚類を食する捕食者	$PNEC_{oral,\ top\ predators}$

トメントにおけるリスク判定対象が示されている．

このステップ4では，ステップ1で収集した利用可能な情報を評価し，各エンドポイントにおける有害性を特定する．水生環境有害性についてはCLPに従って分類と表示を決定する．土壌，底質，大気等の有害性の分類基準がまだ定義されていない項目についても，情報があれば有害性を特定する．続いて，ばく露が想定される環境コンパートメントごとにPNECを算出する．

PNECは，水生生態系とその生物への許容できない影響が，長期間又は短期間のばく露中にほとんど発生することがない，水生環境コンパートメント内における化学物質の濃度である．PNECは，理想的には，実験室での試験又は非試験法によって得られた，対象となるコンパートメントに生息する生物の毒性データから導出されるが，現実的には水生生物を用いた試験結果に基づいて推定する手法が用いられる．

PNECを導出する典型的な手法はAF法であり，次の手順となる．

手順1：環境コンパートメントにおいて，各栄養段階／生物グループ（藻類，甲殻類，魚類）についてのキースタディー（信頼性が確認されたデータの中で最も大きな懸念を示すデータ）を選択する．

手順2：最も敏感な栄養段階／生物グループを特定し，このグループ内で影響濃度が最も低い種を特定する．

手順3：利用可能な情報に対して適切なAFを特定する．ガイダンス“Chapter R.10”[15]を参照できる．

手順4：最低の影響濃度を特定したAFで除して，$PNEC_{\mathrm{comp}}$を算出する．

$$PNEC_{\mathrm{comp}} = \frac{\mathrm{Min}(EC_{\mathrm{comp}})}{AF} \qquad \cdots\cdots (2.2)$$

ステップ5：PBT/vPvB物質の評価

物質のPBT（Persistent, Bioaccumulative and Toxic：難分解性，生物蓄積性及び毒性）及びvPvB（very Persistent and very Bioaccumulative：極難分解性及び高生物蓄積性）評価の目的は，附属書XIIIで与えられた基準を物質が満たすかどうかを決定し，PBT/vPvBであると確認された物質に対しては，物質の潜在的な排出を特性化することである（表2.11）．

表2.11　PBT及びvPvB基準（附属書XIII）

特　性	PBT基準	vPvB基準
難分解性	・海水中での半減期＞60日 ・淡水又は汽水中の半減期＞40日 ・海水底質中の半減期＞180日 ・淡水・汽水域の底質中の半減期＞120日 又は ・土壌中の半減期＞120日	・海水，淡水又は汽水中の半減期＞60日 ・海底，淡水又は汽水域の底質中の半減期＞180日 又は ・土壌中の半減期＞180日
生物蓄積性	・BCF（Bioconcentration Factor：生物濃縮係数）＞2 000	・BCF＞5 000
毒　性	・海水又は淡水生物の長期間無影響濃度（No Observed Effect Concentration：NOEC）＜0.01 mg/l ・発がん性（区分1A又は区分1B），生殖細胞変異原生（区分1A又は区分1B），生殖毒性（区分1A，区分1B又は区分2）とCLPで分類された物質 又は ・慢性毒性の他の証拠がある：特定標的臓器毒性—反復ばく露（区分1又は区分2）とCLPで分類された物質	—

PBT/vPvBの評価は，次の2段階の手順によって実施する．

手順1：物質の関連する特性と判定基準（附属書XIII）とを比較する．

手順2：PBT/vPvB物質に対する排出の特性化を行う．

手順1［物質の関連する特性と判定基準（附属書XIII）との比較］を実施する際には，ガイダンス“Part C-PBT Assessment”[15]を参照することが推奨される．P，B，Tの各項目について，評価に用いるデータ，評価方法等が詳しく解説されている．

PBT/vPvB評価は，物質に係る各成分，不純物及び添加剤に対して実施することに注意が必要である．例えば，ある物質の一つの成分が難分解性と結論付けられ，別の成分が生物蓄積性又は毒性であると結論付けられた場合，物質全体としての結論を引き出すことはできない．通常，0.1 重量％以上の濃度で存在する成分，不純物及び添加剤を PBT/vPvB 評価に関連する物質とみなし，個々の濃度が 0.1 重量％未満の不純物等は考慮する必要がない．

手順 2（PBT/vPvB 物質に対する排出の特性化）の主な目的は，登録者自身が行うすべての活動中，及びすべての特定された使用中に，異なる環境コンパートメントに放出される物質の量を推定し，ヒト及び環境が当該 PBT/vPvB 物質にばく露されるばく露経路を特定することにある．排出の特性化には，ガイダンス“PBT Assessment（Chapter R.11)”[15] を参照するとよい．

この目的を達成するための主要なツールは ES であり，次のステップ 6（ばく露評価）を活用できる．ただし，PBT/vPvB 物質は，懸念が高い物質であり，PBT/vPvB 物質の排出特性の要件に適合した ES を作成する必要がある．注意すべきは，特定の使用に対する ES の作成全体を通して，PBT/vPvB 物質の使用から生じるヒト及び環境へのばく露（と排出）の最小化を考慮することである．すなわち，排出量をさらに最小限に抑える必要性又は可能性は，ES 作成のどの時点でも認識しておくべきで，この場合，適切な RMM 又は OC がリスク管理の枠組みに取り入れられ，それらの有効性が評価されなければならない．

ステップ 6：ばく露評価

ばく露評価は，表 2.9（59 ページ参照）に記載しているように，ステップ 2 からステップ 5 において，物質が危険・有害な物質又は PBT/vPvB 物質に分類された場合に実施しなければならない．

また，物質のライフ・サイクル全体を通しての製造及びすべての特定された使用においてばく露が全く存在しなければ，規定された試験の適用免除［附属書 XI(3)に規定する“ばく露に基づく適用”］を受けることができる場合があり，その場合には，根拠をもってその正当性を示すために，ばく露評価を実施し，その結果を報告書として文書にまとめなければならない．

ばく露評価の目的は，ヒト及び環境がばく露されるか，又はばく露されるであろう物質の用量／濃度を定量的又は定性的に推定することである．この評価は，製造及び特定された使用から生じる物質のライフ・サイクルの全段階を考慮し，ステップ2からステップ5までに特定された危険・有害性に関係するあらゆるばく露を含むものとする（図2.14）.

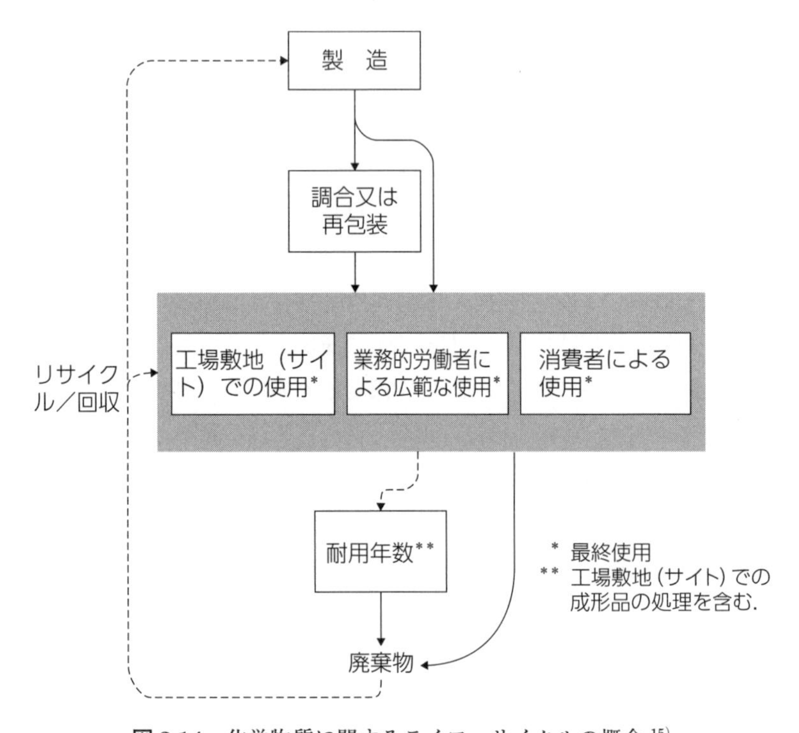

図2.14 化学物質に関するライフ・サイクルの概念[15)]
（出典：Guidance on Information Requirements and Chemical Safety Assessment Chapter R.12 : Use description）

“あらゆるばく露” には，“職業ばく露”“消費者ばく露” 及び “環境への排出とばく露”（環境経由でのヒトへのばく露，環境中生物のばく露及び下水処理中の微生物への影響）が含まれる.

ばく露評価の成果は，種々の使用に対してESを作成することである．ESは，物質の特定された使用に関連するリスクを管理できる条件を記載した情報一式を意味する．その条件には次の二つが含まれる.

・OC：使用の期間と頻度，使用された物質量又はプロセス温度等

・必要な RMM：LEV（Local Exhaust Ventilation：局所排気装置）又は特定の種類の手袋等の PPE（Personal Protective Equipment：個人用保護具），下水処理又は排ガス処理等

ばく露評価は，次に示す手順で実施する．

ばく露評価とは，狭義では，ばく露量を推定する手順 2 を意味するが，REACH においては前述のとおり，ES を確定することを目的としており，次の手順 3 でもある“ステップ 7：リスク判定”（75 ページ参照）を行い，リスクが適切に管理されているという判定結果が得られ，初期 ES を ES として確定させることによって，完結することになる．

万一，初期 ES でリスクが適切に管理されているという判定結果が得られなければ，手順 5 として，ES を改良し，改良 ES の条件で再度ばく露量を推定し直さなければならない．

手順 1：初期 ES を作成する，又は関連する使用及びばく露カテゴリーを作成する．

手順 2：初期 ES の条件で，ばく露量を推定する．

手順 3：リスク判定（ステップ 7）を行う．

手順 4：リスク判定結果において，「リスクが適切に管理されている」であれば，初期 ES を ES として確定させる．

手順 5：リスク判定結果において，「リスクが適切に管理されている」との結果が得られなければ，CSA の繰り返し（ステップ 8）に従って，必要に応じて，ES を改良し，改良 ES の条件で，再度ばく露量を推定する．

手順 6：手順 5 に続くリスク判定結果において，リスクが適切に管理されているであれば，改良 ES を ES として確定させる．

(a) ばく露シナリオ（ES）の作成及び注意事項

ES は，一般的に次の手順で作成する．

手順1：物質の使用を把握する．

自社内及び物質が使用される市場／川下業界での既存の通常の使用条件から収集を開始する．

手順2：物質の使用に関する入手可能な情報をまとめる．

ECHAが公開する“Use map library”[17]には，川下業界における代表的な使用に関する情報がuse mapとして整理されているので，参考にできる．

手順3：物質の使用に関して，プロセスごとに適切な使用記述子を割り当てる．

REACHで導入された使用記述子を表2.12に示す．化学物質のライフ・サイクルでの使用を表現するために7種類の記述子が準備されている．これら使用記述子の詳細及び使用方法が，ガイダンス“Use description（Chapter R.12）”[15]に記載されているので，参照されたい．

表2.12 使用記述子及びその使用記述子が表現する主要素

使用記述子の区分	関連する主要素
ライフ・サイクル・ステージ（Life Cycle Stage：LCS）	ライフ・サイクルのステージ
使用セクター（Sector of Use：SU）	市場の記載（使用される経済活動分野）
製品カテゴリー（Product Category：PC）	市場の記載（製品のタイプ），寄与活動（消費者）
プロセス・カテゴリー（PROcess Category：PROC）	寄与活動（労働者）
環境放出カテゴリー（Environmental Release Category：ERC）	寄与活動（環境）
成形品カテゴリー（Article Category：AC）	市場の記述（成形品のタイプ），寄与活動（耐用年数）
技術的機能（Technical Function：TF）	物質の技術的機能

手順 4：ES を作り上げる．

書式は法的には決められていないが，ECHA は四つの章からなる ES の標準書式[18] を推奨している．

推奨標準書式における ES の記述内容については，2.6.2 項（133 ページ参照）において，具体例を示して解説する．

ES を作成するうえでの注意事項を次に示す．

・ES は，一つの一貫した条件のセットで，ヒト及び環境の両方へのばく露管理をカバーする．

・透明性を確保するために，ES は複数のライフ・サイクル・ステージをカバーしない（図 2.14）．

・物質が組み込まれた成形品の使用（耐用年数を考慮）は，成形品自身の ES で対処する．

・ES の名称又は表題は，取り扱う使用とその寄与活動（その寄与シナリオ）が直観的に明確，かつ一貫して識別されるように設定する．

・ES に記載されている使用条件は，ES を受け取り，使用を実施するサプライチェーンの行為者が実際に関連し，具体的に検証できるようにする．

ECHA は，さらに工場用，業務用及び消費者用に対して，それぞれ注釈を加えた ES の書式を提示しており，参考にしてほしい．

(b)　ばく露量の推定

ES に記載された使用条件下での種々のばく露経路に対して，ばく露量を推定する．ばく露推定値はモデル又は測定データから導出できる．

どちらの場合も，予測されるばく露量が，ES で確定した OC 及び RMM に対応していることが重要である．ばく露評価では，物質の製造とすべての特定された使用をカバーし，製造と特定された使用から生じるすべてのライフ・サイクル・ステージを考慮し，関連するすべてのヒト及び環境へのばく露経路と集団をカバーする必要がある．

ばく露量推定の対象には，具体的には，“① 職業ばく露”“② 消費者ばく露”

及び“③ 環境ばく露”があげられる．それらについて概要を紹介する．

①　職業ばく露量の推定

職業ばく露量の推定には，ガイダンス“Occupational exposure assessment（Chapter R.14）”[15] が参照できる．

職場において，化学物質は身体に直接接触する可能性があり，吸入，皮膚との接触（経皮），場合によっては嚥下（摂取／経口）が体内への侵入経路と考えられる．

ばく露量推定では，上述の三つのばく露経路を別々に考慮する．

・吸入ばく露：通常，労働者の呼吸ゾーンにおける基準期間中の物質の平均大気中濃度で表される．

・経皮ばく露：皮膚表面と接触する物質の量で求められる．

・経口ばく露：通常は考慮せず，特定の場合にばく露を回避するための適切なリスク管理措置及び戦略を提案する場合に検討する．

職業ばく露量推定には，ばく露量推定モデルによる推定，対象物質に対する代表的なばく露量測定データの使用，ばく露パターン又は類似特性をもつ物質からのモニタリングデータなど，いくつかの手段がある．適切に測定された代表的なばく露データが利用できる場合には，そのデータは実際のばく露状況を最もよく反映している可能性があり，特別に考慮すべきである．

多くの場合，職業ばく露量を推定するには，ガイダンス“Chapter R.14”に示された“ECETOC TRA”[19] 等のTier 1モデルを使用することが適切であると考えられる．

ECETOC TRA（Targeted Risk Assessment）は，REACHでの物質登録を支援するためにECETOC（European Centre of Ecotoxicology and Toxicology Of Chemicals：欧州化学物質生態毒性・毒性センター）によって開発された，定量的なリスク評価が可能なリスク評価支援ツールであり，本章末の引用・参考資料（153ページ）の15）より無償で入手できる．また，厚生労働省においてその操作マニュアル[20] が公開されている．

しかしながら，より高次のTierモデルによる推定又は測定による適切なデータが必要になる場合があり，さらに測定データとモデリング手法の組合せが最も適切な評価につながる場合もある．

② 消費者ばく露量の推定

消費者ばく露量の推定には，ガイダンス“Consumer exposure assessment（Chapter R.15）”[15]が参照できる．

消費者のばく露には“化学物質を吸入する”“皮膚に付着する”，あるいは“摂取する”の3種類の経路によるばく露が想定され，該当するDNELと比較できるばく露量を推定し，生出することが消費者ばく露推定の目的である．

消費者ばく露量の推定では，吸入ばく露，皮膚へのばく露及び経口ばく露の三つのばく露経路を別々に考慮する必要がある．

ばく露量推定は，消費者の使用事象から生じるばく露事象を決定することから始まる．その際，次を考慮する．

- 単回のばく露後に発生する影響
- 反復及び／又は連続ばく露後に発生する影響

ガイダンスには“ECETOC TRA”（Tier 1モデル）等の評価ツールが解説されており，それらを使用して消費者へのばく露量を推定する．

③ 環境ばく露量の推定

環境ばく露量の推定には，ガイダンス“Environmental exposure assessment（Chapter R.16）”[15]が参照できる．

化学物質の環境への排出は，当該物質のライフ・サイクル中におけるプロセス又は活動の結果として発生する可能性がある．環境ばく露量の推定は，種々の排出経路と排出の空間スケールを考慮に入れて，環境への排出量を定量化するプロセスである．

ある特定の使用からの物質の排出は，OC（温度，圧力，機械の封じ込めのレベル，プロセスで使用する液体の内部再生のレベル，乾式又は湿式プロセス，浸漬又は噴霧など）及び実際のリスク管理の状況によって異なり，次に示すような，種々のルートを介して発生すると予想される．

・水　系：排出は，通常，最終的に淡水又は海水に排出される前に（潜在的に）下水処理された後に行われる．

・大　気：大気への放出は，主に粉塵や揮発性の高い物質の放出又は高温プロセスからの物質の放散に関連している．排気ガスは，環境に放出される前に，さまざまな技術によって浄化される．

・土　壌：工場敷地又は都市部で行われるすべての使用で，土壌への直接排出は，非農業土壌への排出である．特定の使用では，農業用土壌への直接排出が発生する場合があるかもしれない．

・地　下：一部の物質は地下に直接排出される（例えば，水圧破砕で使用される場合）．

・廃棄物：廃棄物への排出は，プロセス自体から（包装材に残っている場合も関連する），又はリスク管理措置の結果として（廃水又は排気に適用）発生する可能性がある．また，成形品に組み込まれた物質は，製品の耐用年数を過ぎれば廃棄物として排出される．

環境へのばく露推定値は，PEC（Predicted Environmental Concentration：予測環境濃度）と呼ばれ，導出するには次の二つの方法がある．

・モデリングによる方法（EUSESが最も一般的に使用されるモデル）

・ばく露量の測定による方法

EUSES（European Union System for the Evaluation of Substances）[21]は，化学物質が環境にもたらすリスクを定性的に評価するためのソフトウェアであり，現在では，ECHAが無償で提供している．

導出されるPEC値には，2種類あることに注意が必要である．それらは$PEC_{regional}$（地域濃度）とPEC_{local}（局所濃度）で，これらは，時間的及び空間的スケールが異なっている．

ここまで述べてきた“ばく露量の推定”については，それぞれの箇所で引用・紹介してきたように，ECHAは膨大なガイダンスを準備している．実際のばく露量の推定作業には，相当の専門知識を要し，初心者では到底，正確に実施できるものではない．コンサルタント会社の支援を受けて実施することが，効率的で賢明な方法であると考えられる．

ステップ 7：リスクの判定

REACH では，あらゆる ES に対して，すなわち，物質のライフ・サイクルにおける製造，及びすべての特定された使用から生じるヒト及び環境へのリスクが十分に管理されていることを示す必要がある．

化学物質によるリスクは，ばく露レベルと定量的又は定性的な危険・有害性情報とを比較することによって判定される．適切な DNEL 又は PNEC が利用可能な場合，リスクが適切に管理されているかを決定するために RCR（Risk Characterisation Ratio：リスク判定比）が算出される．

特定の影響について，これらの無影響レベルを設定できない場合，ES が実施された際にこれらの影響が回避される可能性を定性的に評価しなければならない．

RCR は，利用可能な場合，ヒトの健康及び環境に関してすべてのエンドポイント，集団，ばく露経路及び時間スケールをカバーする必要がある．RCR は，ばく露レベルを適切な DNEL 又は PNEC と比較することによって算出され［式 (2.3) 参照］，RCR が 1 以下であれば，物質によるリスクが適切に管理されていると判定される．

$$RCR = \frac{\text{ばく露量}}{DNEL} \text{又は} \frac{PEC}{PNEC} \quad \cdots\cdots\cdots\cdots \quad (2.3)$$

リスクの判定は，通常，次に示す一連の手順として実施される．

手順 0：物理化学的性状に対するリスク判定

物質が物理化学的危険性に分類される場合，物理化学的性状に対してリスク判定を実施する．

手順 1：有害性評価（ヒトの健康及び環境に対して）の確認

関連する時間スケール，環境生態系，ヒトの集団，健康影響，ばく露経路に対してPNEC，DNELを収集する．DNELを導出できないエンドポイントに関しては，物質の性質に関する定性的情報を収集する．

手順2：ばく露評価（ヒトの健康及び環境に対して）の確認

各ESについて，時間スケールと空間スケール，ヒトの集団及び環境コンパートメントに対する測定又は推定されたばく露量（濃度）を収集する．

手順3：リスク評価

すべての関連するまとめられた組合せに関して，対応するばく露量（濃度）とDNEL，PNECとを比較する．

手順4：定性的リスク評価（定量的リスク評価が不可能な場合）

物質のDNEL又はPNECが，ある特定のヒトの集団又は環境コンパートメントに対して導出できない場合は，その影響に関する定性的リスク評価を実施する．

手順5：複合ばく露に対するリスク判定

各ヒトの集団及びヒトの一般集団（労働者と消費者の両方における複合ばく露）に対してなど，複合ばく露のリスク判定比の合計を計算する．

手順6：リスク評価の繰り返しの必要性検討

評価での不確実性を考察し，リスク評価の繰り返しの必要性を検討する．リスク判定では，十分に信頼性のある危険・有害性評価及びばく露評価に基づいてリスクが管理されていることが立証されなければならない．

以上で，リスク判定は完了となる．

ステップ8：CSAの繰り返し

初期ESで，リスクが管理されていることを提示できなければ，追加の作業が必要となる．CSAプロセスは，リスクが管理されていることが提示できるまで，何度でも繰り返し改良を図ることになる．この繰り返しにおいて，推奨されるOC又はRMMは，実際に実施可能な範囲で現実的でなければならない．

CSAを改良するための繰り返しは，効率的に実施されるべきで，大きくは次の二つの手段があり，それらの意図するところに留意する．

手段a：CSAに用いる有害性情報とばく露情報の内容の精緻化で，現状の使用条件を変更することなく，現状の条件をより正確に反映させる．

手段b：実際にOCやRMMを精緻化する，又は改善することで，それらをCSAの入力条件に反映させる．これには，リスクを管理するためのより厳格な措置と，より厳格ではない措置が含まれる場合もある．

有害性情報，ばく露情報，OCに関する情報及びRMMに関する情報をそれぞれ改善する場合に，どのようなことが想定されるか簡単に述べておく．これらを念頭に置いて，CSAの改良を図ってほしい．

手段a-1：有害性情報の改善

限定された毒性データセットでPNECやDNELを導出すると，一般的に比較的大きなAFを適用することになる．このような場合，追加情報を収集し，データの信頼性を高め，より小さなAFを適用できるようになる．しかしながら，リスク判定により，特定のリスクが管理されておらず，追加データを収集する必要があることが判明する場合もある．

手段a-2：ばく露情報の改善

ばく露データ又は仮定によるリスク評価の繰り返しは，次のような場合に必要になることがある．

- 物質特性に関するデータ，排出データ，ばく露の仮定又はモデルの定義・複雑さ（例えば，より保守的でない仮定への変更）を精緻化する等，デフォルト（既定）の入力値を適合又は改善する．
- モデルの予測値を測定データに置き換える．

手段b-1：操作条件（OC）に関する情報の改善

OCの記載をより現実に近付けるように精緻化できる．例えば，作業の期間や頻度を調整することである（例：デフォルトの8時間/日シフトではなく，実際の4時間/日作業を適用する）．さらに精緻化が必要な場合は，推奨されるOCの強化又は変更も可能であるかもしれない．

手段b-2：RMMに関する情報の改善

初期ESは，実施され，かつ推奨されるRMMに関する入手可能な情報に基づいている．したがって，ばく露が依然として存在し，潜在的なリスクが示唆される場合，より厳格なRMMは，ばく露を低下させる可能性がある．

RMMに関する情報を改善するために検討すべきいくつかのオプションがある．その一つは，デフォルトの仮定よりも実施されているRMMの効率が高いことを実証し，文書化することである．もう一つのオプションは，場内での下水処理，閉鎖系への変更，プロセスに使用した化学品の再循環の改善など，まだ存在していないRMMを追加することである．一般に，より安全な代替手段又はプロセス及び技術的管理は，個人用保護具に基づくRMMよりも優先される．

(2) CSR

CSRは，CSAを文書化したもので，登録文書の一部としてECHAに提出されなければならない．CSRの書式は，附属書Iの“7. 化学物質安全性報告書の書式”において，表2.13のとおり規定されている．

表2.13　CSRの書式

化学品安全性報告書の書式
パートA
1. リスク管理措置の概要 2. リスク管理措置を実施しているという宣言 3. リスク管理措置を伝達しているという宣言

表 2.13　（続き）

パート B
1. 物質の特定及び物理的化学的特性
2. 製造及び使用
2.1. 製造
2.2. 特定される使用
2.3. 避けるべき使用
3. 分類及び表示
4. 環境中運命の特性
4.1. 分解性
4.2. 環境分布
4.3. 生物蓄積性
4.4. 二次毒性
5. ヒトの健康有害性評価
5.1. トキシコキネティックス（吸収，代謝，分布及び排泄）
5.2. 急性毒性
5.3. 刺激性
5.4. 腐食性
5.5. 感作性
5.6. 反復投与毒性
5.7. 生殖細胞変異原性
5.8. 発がん性
5.9. 生殖毒性
5.10. 他の影響
5.11. DNEL(s)の導出
6. 物理化学的特性のヒトの健康有害性評価
6.1. 爆発性
6.2. 可燃性
6.3. 酸化ポテンシャル
7. 環境有害性評価
7.1. 水コンパートメント（底質を含む.）
7.2. 陸コンパートメント
7.3. 大気コンパートメント
7.4. 下水処理システムの微生物学的活性
8. PBT 及び vPvB 評価
9. ばく露評価
9.1.（ばく露シナリオ 1 の表題）
9.1.1. ばく露シナリオ
9.1.2. ばく露推定
9.2.（ばく露シナリオ 2 の表題）
9.2.1. ばく露シナリオ
9.2.2. ばく露推定
（等）

表 2.13（続き）

パート B（続き）
10. リスクの判定 　10.1.（ばく露シナリオ 1 の表題） 　　10.1.1. ヒトの健康 　　　10.1.1.1. 労働者 　　　10.1.1.2. 消費者 　　　10.1.1.3. 環境を通したヒトへの間接ばく露 　　10.1.2. 環境 　　　10.1.2.1. 水コンパートメント（底質を含む.） 　　　10.1.2.2. 陸コンパートメント 　　　10.1.2.3. 大気コンパートメント 　　　10.1.2.4. 下水処理システムの微生物学的活性 　10.2.（ばく露シナリオ 2 の表題） 　　10.2.1. ヒトの健康 　　　10.2.1.1. 労働者 　　　10.2.1.2. 消費者 　　　10.2.1.3. 環境を通したヒトへの間接ばく露 　　10.2.2. 環境 　　　10.2.2.1. 水コンパートメント（堆積物を含む.） 　　　10.2.2.2. 陸コンパートメント 　　　10.2.2.3. 大気コンパートメント 　　　10.2.2.4. 下水処理システムの微生物学的活性 　　　（等） 　10.x. 総合的ばく露（関連するすべての排出／放出源に対する複合された） 　　10.x.1. ヒトの健康（すべてのばく露経路が複合された） 　　　10.x.1.1. 　　10.x.2. 環境（すべての排出源が複合された） 　　　10.x.2.1.

CSR を作成するにあたっては，まず ECHA のウェブサイト “Practical examples of chemical safety reports” にある “Part 1 : An Introductory Note”[22] を参照することが推奨される.

CSR に含まれる情報の概要，及び CSR 作成において注意すべき事項を次に記す.

・パート A：製造者又は輸入者自身の使用に対する関連した ES において，概説したリスク管理措置を製造者又は輸入者が実施すること，及び SDS の中で特定された使用に対する ES を流通業者や川下ユーザーに伝達している旨の宣言を含まなければならない（56，57ページ及び68，69ページ）．

・パートB：CSAに関連するすべての情報が規定された書式の中に含まれる必要があり，そのすべての部分で独立した文書として容易に理解できるように記載しなければならない．

・化学物質の固有の特性及び危険・有害性：CSRを作成するために追加情報が必要であり，その情報が附属書IX又は附属書Xに従った試験のみによって得られると考えられる場合には，追加情報が必要な理由を説明して試験の戦略案を提出し，これをCSRの適当な項目に記録する．

・物質のライフ・サイクル全体を通してヒトの健康及び環境へのリスクを管理するために必要な製造と使用の条件：主に，製造者での製造，製造者又は輸入者自身の使用について実施されるESと，特定された使用に対して推奨されるESについて記述する．それらは明確に識別されるようにする．

・物質のライフ・サイクル全体を通して製造及び使用に起因するヒト及び環境への予想される排出及びばく露：ばく露推定では，次の三つの事項を含めるようにする．

①排出の推定，②化学的運命や経路の評価，③ばく露レベルの推定

・リスクの判定：それぞれのESに対して，リスク判定を行う．

実際にCSRを作成する際には，CSRの項目ごとに記載事項が詳説されている“Part 2 : A Chemical Safety Report”[22]を参照するとよい．

CSRは，当該物質の使用及びばく露評価に依存するため，SIEFにおいて共同で作成できる部分と事業者個別に作成する部分があり，共同で（先導登録者によって），あるいは一部又はすべての登録者によって個別に提出する場合がある．その際，各登録者の登録文書では共同で作成したCSRの対象となる使用と個別に作成したCSRの対象となる使用とは明確に識別しておくべきである．

2.1.8　川下ユーザー及び川下ユーザーからの使用に関する情報

化学品をライフ・サイクル全体で管理するという観点で，川下ユーザーの役割は極めて重要である．

川下ユーザーは，第37条（川下ユーザーの化学品安全性評価及びリスク低減措置を特定し，適用し，推奨する義務）において，登録準備の助けとなる情報を提供することができるとし，段階的導入物質に関して，川下ユーザーから該当する登録猶予期限の少なくとも12か月前に要求を受けた場合，登録予定の製造者，輸入者又はサプライチェーンの上流にある川下ユーザーは，当該川下ユーザーから提示された使用に対してCSAを行わなければならない．川下ユーザーから提示された使用は，ヒトの健康及び環境保護の観点で許容されない場合を除き，潜在的登録者における特定された使用に含まれることになる．

川下ユーザーは，その供給者から提供されたSDSで通知されたESに記載された条件以外の使用，又は供給者が推奨しない使用に関して，附属書XIIに基づいてCSRを作成しなければならない．ただし，① その物質又は混合物の使用量が年間1トン未満である場合，及び，② その使用がプロセス指向研究開発の目的でヒトの健康及び環境へのリスクが適切に管理されている場合は，CSRを作成する必要はない．

川下ユーザーは，上述の①，②の2状況を含めて，CSRを作成しなければならない場合には，取扱い物質に関連して第38条（情報を報告する川下ユーザーに対する義務）に指定された情報をECHAに報告しなければならない．

2.1.9　データ共有

REACHにおける登録は，OSORの原則に基づいている．この原則は，同一物質の製造者及び輸入者は共同で登録しなければならないことを意味する．この原則を確保するために，第29条（物質情報交換フォーラム）でSIEFが規定されている．

第29条（物質情報交換フォーラム）

1. 同一の段階的導入物質に対して，第28条に従ってECHAに情報を提出した，若しくは第15条に従ってそれらの者の情報がECHAに保有されているすべての潜在的登録者，川下ユーザー及び第三者又は第

23 条(3)に設定された期限以前にその段階的導入物質に対する登録を提出した登録者は，物質情報交換フォーラム（SIEF）の参加者となる.

2.　各 SIEF の目的は，次のとおりとする.

(a)　登録の目的で，第 10 条(a)の(vi)及び(vii)に規定された情報の交換を潜在的登録者間で促進し，それによって試験の重複を避けること，及び

(b)　潜在的登録者間でその物質の分類及び表示に相違がある場合に，分類及び表示に合意すること

3.　SIEF 参加者は，他の参加者に既存の調査を提供し，情報を求める他の参加者の要請に応え，共同して第 2 項(a)の目的のために追加試験に対する必要性を特定し，そのような調査の実施について調整しなければならない．各 SIEF は 2018 年 6 月 1 日まで運営されるものとする.

SIEF は「2018 年 6 月 1 日まで運営されるものとする.」と規定されているが，2.1 節（31 ページ）で紹介した“委員会施行規則（EU）2019/1692”において，「登録者は，第 29 条で言及されている物質情報交換フォーラムと同様の非公式のコミュニケーション・プラットフォームを使用してもよい.」と示されており，SIEF は，今後も自主的な情報交換フォーラムとして存続し続けると予想される.

REACH では，OSOR の原則に基づくデータの共有及び共同提出が強く求められ，委員会施行規則“Commission Implementing Regulation (EU) 2016/9”[23)] が，2016 年 1 月 5 日に官報公示され，同年 1 月 26 日に施行された．本委員会施行規則は，REACH が求めるデータ共有と関連する費用の分担に係る SIEF の責任と義務を規定するもので，SIEF における契約や既存の登録者と新規の潜在登録者との関係を規定し，SIEF の運営・運用に関する文書化・記録を求め，SIEF における運用の透明性を確実にするとともに，費用分担モデルの設定と合意，及びこれまでの SIEF 活動に対する新規参加者からの償還（reimbursement）の仕組みを示すことによって，SIEF 活動における公平性

と非差別を確保することが目的である．SIEFの参加者及びこれからSIEFに参加する事業者は，この内容を確認し，把握しておくことが望まれる．

登録において，よりスムーズに共同提出できるように，SIP（Substance Identity Profile：物質特定プロファイル）が導入されている．SIPは，共同提出のデータでカバーされることに合意した登録者が有する物質の境界を特定するものである．ECHAのガイダンス“Guidance for identification and naming of substances under REACH and CLP”[1)]にその詳細が説明されている．

先述の，ガイダンス[1)]に記載されたSIPの説明から，その概要を抽出して図2.15に示す．ここでは，先導登録者（LR）とA社，B社，C社の計4社でのSIEFにおけるSIPが示されている．

各社の登録対象物質は，2.1.2項（35ページ参照）で解説したように，いずれも物質“A”である．しかし，各社の構成成分には違いがあり，例えば，A社の物質“A”は，主成分A：80-100％と不純物B：0-15％，不純物C：0-5％及び不純物D：0-10％からなるものである．

SIPに基づいて，共同提出する各社の物質の範囲が特定され，当該物質のすべての登録者を代表して，LRの登録文書にはカバーするすべてのSIPが明確に報告されなければならず，一方，各登録者は，個々に自社の登録物質の組成情報を報告することになる．

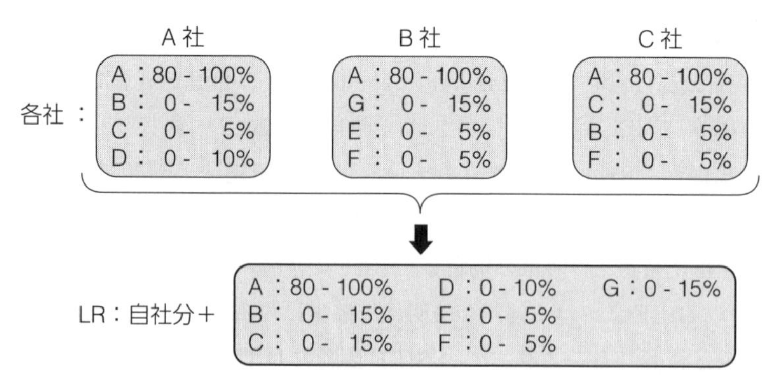

図2.15　物質特定プロファイルの概要

2.1.10　登録文書の提出書式とソフトウェア

ECHA への提出情報に対する書式及びソフトウェアは，第 111 条において「ECHA は，ECHA へのあらゆる提出について，書式並びにソフトウエア・パッケージを規定し，それらを無償でウェブサイト上で利用できるようにしなければならない．登録のための技術文書一式の書式は，IUCLID とする.」と規定されている．

IUCLID（International Uniform ChemicaL Information Database：国際統一化学情報データベース）は，OECD（Organisation for Economic Co-operation and Development：経済協力開発機構）と ECHA とによって共同開発された，規制に関連して化学物質に関する科学的データを管理（記録，保管，提出，交換等）するためのソフトウェアであり，IUCLID 6 のウェブサイト[24] より無償でダウンロードできる．

REACH の登録文書は，IUCLID を用いて作成されなければならない．

2.1.11　登録にかかる費用と登録手数料（fee）

REACH 登録には相当の費用がかかることを覚悟しておく必要がある．日本企業が EU への輸出品を OR を指名して REACH 登録する際にかかる費用の項目を表 2.14 に整理する．

まず社内では，登録のために，体制づくりや教育，自社製品に関するデータ

表 2.14　REACH 登録にかかる費用

社内での活動費・データ調査（収集・評価）費	
OR 関連	指名費
	コンサルテーション（活動）費
	SIEF，コンソーシアム参加費
既存データ購入費（SIEF 等で他社が所有するデータの購入費）	
試験費（SIEF 等で不足データの取得費）	
登録文書，CSR 作成費	
登録手数料（ECHA への支払い）	

の収集及びその評価，サプライチェーンでの情報収集等の業務を行う必要があり，これらの費用が発生する．

日本企業が登録を行うためには，ORを指名し，ORがSIEFやコンソーシアムに参加して活動しなければならない．それらには当然費用がかかるし，登録を保持する間は，継続して発生することになる．

登録にはデータが必要で，これを入手するにも費用が発生する．既存データについてはデータ所有者に支払う必要がある．登録に必要なデータがなければ試験を行ってデータを取得することになり，当然費用が発生する．登録に必要なデータは，トン数帯が高いほど多く設定されており，高トン数帯ほど費用がかかることになる．同じ物質に対して，登録者は共同提出することになっており，登録者数が多いほど，既存データの購入費や試験費用は登録者間で分担することになり，1社にかかる費用は減少する．

ECHAには各社が登録手数料を支払わなければならない．登録手数料の支払いは，次の2.1.12項で示すように，ECHAによる登録確認プロセスに組み込まれており，手数料を支払わなければ登録できない仕組みとなっている．

登録手数料は，REACH手数料規則［REACH Fee Regulation：Commission Implementing Regulation（EU）2015/864[25]］によって，共同提出と個別提出に分かれて表2.15のように規定されており，中小企業を支援する目的で，中小企業に対して登録手数料は減額されている．EU当局は，自社の企業規模

表2.15　REACH登録手数料

（単位：ユーロ）

企業規模 / 登録提出方法 / 登録トン数	標準企業		中企業		小企業		マイクロ企業	
	個別	共同	個別	共同	個別	共同	個別	共同
1～10	1 739	1 304	1 131	848	609	457	87	65
10～100	4 674	3 506	3 038	2 279	1 636	1 227	234	175
100～1 000	12 501	9 376	8 126	6 094	4 375	3 282	625	469
1 000以上	33 699	25 274	21 904	16 428	11 795	8 846	1 685	1 264

を正しく認識することを強く推奨している．

中小企業は“委員会勧告 2003/361/EC”[26]によって定義付けられており，表 2.16 のとおり判定基準が示されている．これらは ECHA が開設するウェブサイト“Small and Medium-sized Enterprises（SMEs）”[27]に掲示する関連情報に基づいて，確認することができる．

表 2.16　EU における中小企業の基準

企業の区分	従業員数［AWU（年間労働単位）］	年間売上高（ユーロ） 及び／又は	貸借対照表の合計額（ユーロ）
中企業	＜250	≦5 000 万	≦4 300 万
小企業	＜50	≦1 000 万	≦1 000 万
マイクロ企業	＜10	≦200 万	≦200 万

注：すべての連結型（Linked）及びパートナー型企業は考慮されなければならない．

2.1.12　ECHA による完全性チェック

登録のために ECHA に提出された文書一式は，第 20 条（ECHA の義務）に従って，ECHA による完全性チェック（completeness check）を受けることになる．登録用文書が ECHA に提出されてから，完全性チェックを受けて公表されるまでの流れを図 2.16 に示す．

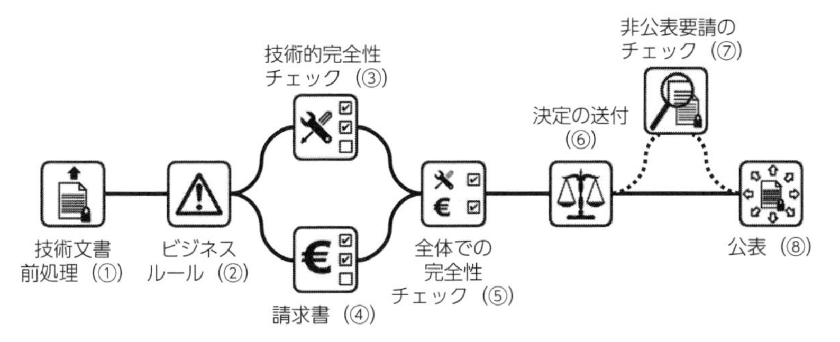

図 2.16　登録用提出文書の ECHA によるチェック・プロセス
［出典：Completeness check: Preparing a registration dossier that can be successfully submitted to ECHA, 20 April 2017[28]］

登録用に提出された文書一式（図 2.16 中の①）は，まずビジネスルール・チェック（同②）により，ECHA による完全性チェック（同③～⑤）に進むことができるかどうか，具体的には，提出文書が適切な IUCLID 書式に記述されており，基本的な管理情報が提出タイプに合致していることが確認される．ビジネスルールに合格すると，提出番号が割り当てられ，次の完全性チェックに進む．ビジネスルール・チェックに失敗した場合には，それを修正して再度提出し直す必要がある．

完全性チェックは技術的完全性チェック（technical completeness check）と財務的完全性チェック（financial completeness check）の二本立てになっている．技術的完全性チェックでは，REACH 登録で必要とされるすべての情報が提供されているかどうかが確認される．2016 年よりこのチェックは強化され，システムによる自動チェックに加えてマニュアルにても確認されるようになった．財務的完全性チェックは登録手数料が支払われていることを確認するものである．

完全性チェックは ECHA によって提出日から 3 週間以内に実施される．提出文書が不完全であれば，さらにどのような情報が必要かが，設定された再提出期限とともに登録者に通知される．登録者は，それらのすべての項目の情報を揃え，設定された期限内に ECHA に再提出する．ECHA は，再提出された追加情報について確認する再度の完全性チェックを実施する．再度の完全性チェックを失敗するとその登録は拒絶されることになるので，注意が必要である．

完全性チェックを通過すると登録が完了したことを意味し，登録番号と登録日が付与され，ECHA の決定が REACH-IT を通じて登録者に連絡される（同図中の⑥）．同図中の⑦，⑧については，次項で言及する．

登録番号は，ECHA が付与する参照番号（reference number）の一つで “01-” から始まる 18 桁の数字列である（表 2.17）．

表 2.17　ECHA が付与する参照番号[29)]

参照番号の構成	TYPE（2 桁）-BASE No.（10 桁）-CHECKSUM（2 桁）-INDEX No.（4 桁）
最初の TYPE（2 桁）の意味	01 登録 02 C&L 届出（CLP） 03 成形品中の物質届出（SVHC 届出） 04 PPORD（製品及びプロセス指向研究開発） 05 予備登録 06 照会 07 サイト内単離中間体 08 輸送単離中間体 09 データ所有者届出
例	REACH 登録：01-XXXXXXXXXX-CC-0000 CLP 届出：02-XXXXXXXXXX-CC-0000

（出典：2008.06 CEFIC REACH Industry Preparation Letter No.9 をもとに筆者が整理）

2.1.13　登録情報の公表

登録した情報は，ECHA より公表されることになる．第 118 条（情報へのアクセス）及び第 119 条（電子的な公開アクセス）において，図 2.17 に示すように，非公表とする情報と公表される情報がそれぞれ示されている．

非公表 第 118 条
・混合物の完全な組成の詳細
・中間体としての詳細な使用を含め，物質又は混合物の正確な使用，機能又は適用
・製造又は上市する物質の正確なトン数
・製造者，輸入者及びその流通業者又は川下ユーザーとのつながり

公表（ウェブサイト）第 119 条
・危険な物質の IUPAC 名称
・EINECS 名称
・物質の分類と表示
・物理化学的データ，経路及び環境中運命
・毒性及び生態毒性データ
・DNEL と PNEC
・安全な使用のガイダンス
・物質の検知・分析方法

公表での商業的不利益を ECHA が容認すれば非公表
・分類・表示に必須な物質の純度及び危険な不純物 及び／又は添加物
・その特定な物質の合計トン数帯
・調査要約書又はロバスト調査要約書
・上述以外の SDS 含有情報
・物質の商品名
・6 年の期間，非段階導入物質の IUPAC 名称
・中間体・SR&D・PPORD の IUPAC 名称

図 2.17　REACH 登録において非公表と公表される情報

登録のための提出情報の一部である物質の商品名等については，登録者が公表による商業上の不利益について正当な根拠を提出し，ECHA が容認した場合には非公表とすることができる．

登録情報は，ECHA のウェブサイト “Registered substances” にて確認される．トルエンを例にして見てみよう（図 2.18）．

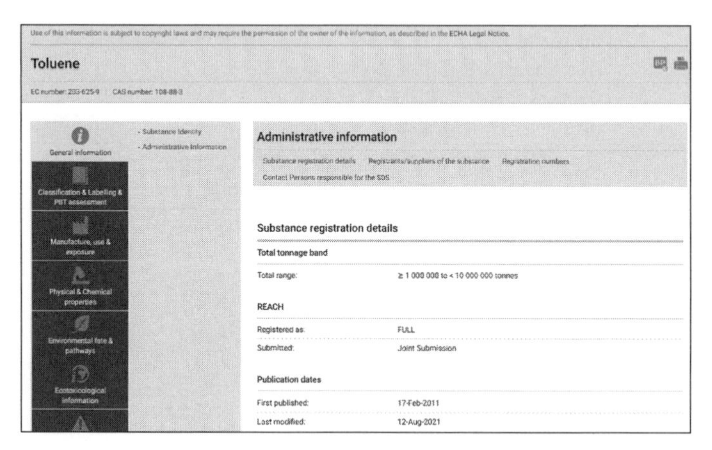

図 2.18　トルエンの REACH 登録情報 [30)]

登録されたトルエンに関して，左のビューに示す項目の情報が公表されている．General information（一般情報）には，Substance identity（物質特定）と Administrative information（管理情報）が掲載されており，さらに Registrants/suppliers of the substance（登録者情報）や Registration numbers（登録番号）が確認される．

毒性情報（toxicological information）では，DNEL をはじめとする多くの有害性に関する情報が提示され，生体毒性情報（ecotoxicological information）では，PNEC を含む多くの生態毒性情報が掲示されている．

登録者は，自社の登録がどのように公表されているのか確認することが望まれる．

2.1.14　登録情報の更新

REACHでは，登録すれば登録業務が終了するのではなく，第22条（登録者の追加の義務）により，継続的に登録情報の更新が求められる．

第22条（登録者の追加の義務）

1. 登録後，登録者は，以下の場合，自らの自発性に基づき，不当な遅延なく，関連する新情報で登録を更新し，それをECHAに提出する責任を負わなければならない．

(a) 製造者，輸入者又は成形品の生産者であるとの立場又は名称や住所などの自身の特定情報でのあらゆる変更

(b) 附属書VIのセクション2に示す，物質の組成におけるあらゆる変化

(c) 登録者によって製造又は輸入される年間量又は総量の変化若しくは生産又は輸入される成形品中に存在する物質の数量の変化が，製造又は輸入の中止を含め，トン数帯の変更をもたらす場合

(d) 物質の製造又は輸入に対して，新たに特定された使用及び附属書VIのセクション3.7に示されているような新たな推奨されない使用

(e) 安全データシート又は化学品安全性報告書の変更をもたらす，登録者は当然認識すると予想されるヒトの健康及び／又は環境に対する物質のリスクについての新たな知識

(f) 物質の分類及び表示におけるあらゆる変更

(g) 化学品安全性報告書又は附属書VIのセクション5のあらゆる更新又は修正

(h) 登録者が，附属書IX又は附属書Xに列記された試験を実施する必要性を特定する，その場合には試験提案が作成されなければならない．

(i) 登録情報に対して認められたアクセスでのあらゆる変更

ECHAは，この情報を関連する加盟国の管轄当局に通知するものとする．

2. 登録者は，以下の決定で指定された期限内に，第40条，第41条又は

第46条に従って下された決定が求める情報を含む登録の更新をECHAに提出する，又は第60条と第73条に従って下された決定を考慮しなければならない．

しかし，ECHAが，2017年に実施した登録文書更新の実態調査“REACH登録とCLP届出の文書更新に対する推進要因，障壁，費用及び利点に関する洞察を収集するための調査（A study to gather insights into the drivers, barriers, costs and benefits for updating REACH registrations and CLP notification dossiers）”[31]より，2008年から2016年の間で約3分の2の登録文書は更新されていない事実が判明した．登録文書が更新されない理由として，次の四つの主要な問題点が指摘されている．

・登録は，プロセスの終了としてみられている．
・いつ，だれによって，何をする必要があるかの明確さが欠如している．
・登録事業者の人的資源又は予算が限られている．
・登録におけるデータセット全体の使用がSIEF又はコンソーシアム内の登録者各社に対して，SIEF又はコンソーシアムで制限されている．

この調査報告書では，これらの問題点の解決策の一つとして，更新要件をより明確にし，かつ執行可能にするための施行規則が制定が示された．これを受けて，欧州委員会は，2020年10月12日に“REACHでの登録を更新する登録者の義務に関する2020年10月9日付委員会施行規則（EU）2020/1435”[32]を官報公示した．施行は官報公示の60日後で，適用開始は2020年12月12日である．

制定の目的は，第22条（登録者の追加の義務）で規定する事象が発生した際の登録文書更新期限を明示することにより，登録者による登録文書の更新を促進させ，登録文書の品質を向上させることにある．

第22条での規定事象に対して，この施行規則で規定された更新の起点日と更新期限は表2.18に示すとおりで，およそ次のような四つのケースに区分される．

・管理的事項（会社名，住所，ステータスの変更）及び組成・使用・トン数

帯（製造中止を含む）の変更においては，当該事象発生日から 3 か月

・CLP における自己分類とその表示の変更，ヒトの健康や環境へのリスクに関する新知識を入手した際，及び個別物質の試験提案に係る更新は，それらに関する情報入手日又は変更の必要性を確認した日から 6 か月（CLP における調和分類・表示は，法律で指定された適用日に従う.）

・CSR の更新及び物質群での試験戦略提案は，それらの変更の必要性を確認した日から 12 か月

・上述の三つのケースの組合せ

登録事業者は，第 22 条に規定する事象が発生すれば，この施行規則で規定された期限内に登録文書を更新することが，コンプライアンスを遵守することであり，自社の登録に関連する情報には常に注意を払っておく必要がある.

表 2.18　登録更新期限に関する委員会施行規則（EU）2020/1435 の規定事項

<table>
<tr><th colspan="2">施行規則
（登録更新義務発生事象）</th><th>REACH
第 22 条</th><th>更新の起点</th><th>更新期間</th></tr>
<tr><td>第 1 条</td><td>登録者の立場又は特定情報における変更</td><td>(a)</td><td>変更が実効になる日</td><td>3 か月以内</td></tr>
<tr><td>第 2 条</td><td>物質の組成変更</td><td>(b)</td><td>物質組成の変化を伴う製造又は輸入開始日</td><td>3 か月以内</td></tr>
<tr><td rowspan="3">第 3 条</td><td rowspan="2">より高いトン数帯に達した場合</td><td rowspan="3">(c)</td><td>附属書 VII 又は附属書 VIII の適用で，新データが製出される場合，必要なすべての最終試験報告書の受領日</td><td rowspan="2">3 か月以内</td></tr>
<tr><td>上述以外の場合，より高いトン数帯に達した日</td></tr>
<tr><td>製造又は輸入の中止を含め，数量減少する場合</td><td>製造・輸入を中止した日</td><td>3 か月以内</td></tr>
<tr><td rowspan="2">第 4 条</td><td rowspan="2">新たに特定された使用，
及び
新たな推奨されない使用</td><td rowspan="2">(d)</td><td>新たに特定された使用の場合，登録者がこの新たな使用のリスク評価を実施するために必要なすべての情報の受領日</td><td rowspan="2">3 か月以内</td></tr>
<tr><td>新たな推奨されない使用の場合，その使用に関連するリスクに関する情報を登録者が入手した日</td></tr>
</table>

表 2.18　（続き）

施行規則（登録更新義務発生事象）		REACH 第 22 条	更新の起点	更新期間
第 5 条	ヒト健康及び／又は環境へのリスクに関する新知識	(e)	登録者が問題の新しい知識に気付くか，又は気付いたと合理的に予想される日	6 か月以内
第 6 条	登録物質の分類と表示の変更	(f)	CLP 附属書 VI（調和分類及び表示）の追加，修正又は削除に該当する物質の場合，その適用日	適用日までに
			CLP 第 15 条に従って，新たな評価の結果，分類・表示が適用される場合，その変更決定日	6 か月以内
第 7 条	CSR 又は安全な使用のガイダンスの更新又は修正	(g)	CSR 又は附属書 VI のセクション 5 で言及する安全使用指針の更新又は修正の必要性を確認した日	12 か月以内
第 8 条	附属書 IX 又は附属書 X にリストされた試験実施前の試験提案	(h)	登録者が，附属書 IX 又は附属書 X にリストされる一つ以上の試験実施の必要性を確認した日	6 か月以内
			物質群に対処する試験戦略の一部として策定された試験提案の場合，上欄を適用せず，代わって，登録者が附属書 IX 又は附属書 X にリストされる一つ以上の試験実施の必要性を確認した日	12 か月以内
第 9 条	登録情報に付与されたアクセス権の変更	(i)	変更日	3 か月以内
第 10 条	追加試験を伴う更新（ラボとの契約交渉日等も規定）	(a)，(b)，(d)，(e)，(f)	附属書 VII 又は附属書 VIII のデータを満たした結果として，更新に必要な最終試験報告書の受領日（第 1, 2, 4, 5, 6 条，適用せず）	3 か月以内
第 11 条	その他更新の組合せ	第 10 条，又は (a) ～(f) 又は (i) + (g)	更新に必要な最終試験報告書の受領日	12 か月以内
		(a) ～ (i) の複数事項	該当する更新が最初に必要な日	第 1-10 条の該当最長日

表 2.18　（続き）

<table>
<tr><th colspan="2">施行規則
（登録更新義務発生事象）</th><th>REACH
第 22 条</th><th>更新の起点</th><th>更新期間</th></tr>
<tr><td rowspan="3">第 12 条</td><td rowspan="3">共同提出の更新</td><td>(a)～(f) 又は (i)</td><td rowspan="3">LR（先導登録者）により更新された登録文書が完了したことを ECHA が LR 及び共同提出の他のメンバーに確認した日

メンバー登録の更新が LR に依存しない場合は，第 1 ～ 11 条適用</td><td>3 か月以内</td></tr>
<tr><td>(g)</td><td>9 か月以内</td></tr>
<tr><td>(a)～(f) 又は
(i) + (g)</td><td>9 か月以内</td></tr>
<tr><td>第 13 条</td><td colspan="2">REACH 附属書改正に伴う更新</td><td>附属書改正で，REACH 第 10 条／第 12 条による情報を更新する場合</td><td>適用日までに</td></tr>
</table>

2.1.15　EU で製造された物質の再輸入の登録

REACH では，EU で製造された物質の EU への再輸入については，第 2 条（適用）の 7. (c) にある二つの条件（ i ）及び（ ii ）を満足した場合，登録は免除されるとしている．この場合，再輸入者は，元々の EU での製造者の川下ユーザーと位置付けられる．

> 第 2 条（適用）
>
> 7. 第 II 編，第 V 編及び第 VI 編から次を免除する．
>
> [(a) (b) は省略]
>
> (c) 第 II 編に従って登録され，サプライチェーンの行為者 (actor) によって欧州共同体から輸出され，同一のサプライチェーンの同じ又は別の行為者によって欧州共同体へ再輸入される物質そのもの又は混合物に含まれる物質であって，これらの行為者が次の事項を示すもの
>
> （ i ）再輸入する物質が輸出した物質と同一であること
>
> （ ii ）輸出された物質に関し，第 31 条又は第 32 条に従った情報が提供されていること

以下，順を追って説明する．

EUで製造された物質の再輸入の登録免除は，したがって，元々のEUでの製造者が，自身の登録でEU域外に輸出し，EUに再輸入される物質をカバーする意向をもっていなければ成立しない．EU域内の製造者の中には，再輸入品は自社の登録でカバーしないと宣言しているところもあり，元々のEUでの製造者が自身の登録で再輸入品の登録をカバーする意向があるかどうかの確認が必要となる．

元々のEUでの製造者の登録でEUへの再輸入物質がカバーされることになれば，再輸入者は，元々のEUでの製造者の川下ユーザーとなり，元々の製造者は再輸入物質に関してリスク評価を行わなければならず，再輸入量及び再輸入品の使用を把握する必要がある．このように，元々のEUでの製造者と再輸入者とは確認書等により，登録者と川下ユーザーとの関係であることを証明できるようにしておくことが望まれる．

さらに再輸入物質には，第2条に示された2条件（i）（ii）を満足しなければならない．第一には，再輸入物質がEUから輸出した物質と同一であることである．物質の同一性を証明するには，当該物質のEU域外使用者によるロット管理等の納入・出荷管理とともに，化学組成の変化を伴う使用は行わないことが求められる．第二には，第31条（安全データシートに対する要件）又は第32条（安全データシートが必要とされない物質そのもの，又は混合物に含まれる物質に関するサプライチェーンの川下への情報伝達）に基づく情報が再輸入者にも提供されることであり，サプライチェーンを通じて，当該物質のSDS等の情報が再輸入者まで提供され続けなければならない．ECHAのガイダンス“Guidance on registration”にて説明されているので，参照されたい．

以上を満足するには，元々のEUでの製造者—域外での使用者（調合等）—再輸入者の三者が，再輸入物質を元々のEUでの製造者の登録でカバーするとの共通認識をもち，必要な情報を交換できる体制ができていることが必要になると考えられる．

2.2　評価（evaluation）

物質は登録されると，EU 域内市場において自由に流通することが認められることになるため，登録事業者には登録時点において登録文書の情報が正確で，登録情報に変更があれば遅滞なく報告し，更新されることが求められる．

評価プロセス[33]は，ECHA と EU 加盟国とが登録者によって提出された情報を審査し，登録者が法的義務を果たしていることに確信を与え，動物に対する不必要な試験を回避するとともに，化学品に関連するリスクを評価・管理するための十分な情報が提供されることを確実にする，REACH における基本的なプロセスである．

評価プロセスは，ECHA のウェブサイト“Evaluation process”[34]に示されているように（図 2.19），ECHA が担当する“文書評価（Dossier evaluation）”と加盟国が実施する“物質評価（Substance evaluation）”にて構成され，ECHA が担当する文書評価は，さらに，REACH の標準情報要件に沿った情報が提出された登録文書に記述されているかを確認する“適合性審査（コンプライアンス・チェック，Compliance check）”と脊椎動物の試験に係る“試験提案の審査（Examination of testing proposals）”に区分される．

文書評価[35]において登録提出情報が登録要件を満たしていないと ECHA が判定すれば，あるいは物質評価[36]において当該物質の使用がヒトの健康又は環境にリスクをもたらすかどうかを評価担当国が判断するために，追加の情報

図 2.19　評価プロセス（Evaluation process）

が必要であると判断した場合には，登録者から追加情報の提供又は追加試験の実施を求める決定案が作成され，登録者に配信される．登録者は指定された期日内に追加情報を提出し，追加提出情報を含む，すべての情報をもとに最終的に評価の結果が決定される．

評価が完了すると，そのフォローアップとして，文書評価の決定は当該物質がヒトの健康及び環境にリスクをもたらすかどうかを理解するうえでの重要な情報源として，物質評価及び認可や制限物質の特定に利用されることになる．一方，物質評価の決定は，担当した加盟国によって当該物質の管理にどのように利用すべきか検討され，その結論が提示されることになっている．

2.2.1 試験提案の審査

登録者は，附属書IX及び附属書Xに定める情報，すなわち，年間100トン以上で製造又は輸入される化学物質に要求される情報を入手するために試験を行う必要がある場合，又は川下ユーザーが2.1.7項（55ページ参照）で述べたCSAを完成させるために，脊椎動物による追加試験が必要であると考える場合には，試験提案を提出しなければならない．

ECHAは，第40条に従って，登録者等から提出されたすべての試験提案を審査し，試験提案が実際に必要な情報の入手に対応しているか，特に脊椎動物の使用を伴う試験の場合，不必要な試験を回避することができないか確認する[37)]．この審査は，SVHCで，年間100トンを超える量で広範なばく露が生じる物質から優先的に実施される．

試験提案が附属書VII及び附属書VIIIのエンドポイントに対応している場合や提案された試験がすでに進行中であったり，又は完了している等の場合は，試験提案が不許可となる．脊椎動物の試験に係る試験提案については，ECHAのウェブサイト“Examination of testing proposals”[37)]にて公開され，45日間のパブリック・コンサルテーション（意見募集）にかけられる．

ここで受領した情報も考慮して，ECHAは試験提案に対する決定を下すことになる．この決定は次の五つの中のいずれかで，決定された試験の結果をまとめた調査要約書，必要であれば，ロバスト調査要約書の提出期限が設定される．

- ・提案された試験の実施を認める決定
- ・提案された試験での実施条件を修正する決定
- ・試験提案が附属書 IX，附属書 X 及び附属書 XI に適合しない場合には，一つ又はそれ以上の追加試験の実施を要求する決定
- ・試験提案を拒否する決定
- ・同一物質に対して複数の登録者又は川下ユーザーが同じ試験を提案した場合には，だれが代表して試験を行うかについて合意に達し，90 日以内に ECHA に通知する機会をそれらの者に与える決定

ECHA の決定を受けた試験提案者は，要求された情報を期限までに ECHA に提出しなければならない．

2.2.2　適合性審査

適合性審査（コンプライアンス・チェック）[38] は，第 41 条に従って，登録者によって提出された文書が法的要件に準拠しているかどうかを ECHA が確認するプロセスである．2020 年 4 月 8 日に官報公示された委員会規則（EU）2020/507[39] により，ECHA は，各トン数帯ごとに受理した登録文書合計の 20％以上を適合性審査しなければならない［3.2.2 項（164 ページ）参照］．

適合性審査の対象となる文書は次の三つの基準，すなわちリスクベースの考え方に基づいて選択される［出典：ECHA Q&As/Browse by topic/REACH/Evaluation/Compliance checks/“How are dossiers selected for compliance check?” [40]］．

- ・高トン数
- ・より高次（higher-tier）のヒトの健康又は環境有害性の情報要件における疑わしいデータギャップの存在
- ・高いヒト又は環境へのばく露可能性（例えば，広範な使用又は使用に関する不確実な情報）

ECHA による適合性審査は，図 2.20 に示すように，単一の登録文書（ここ

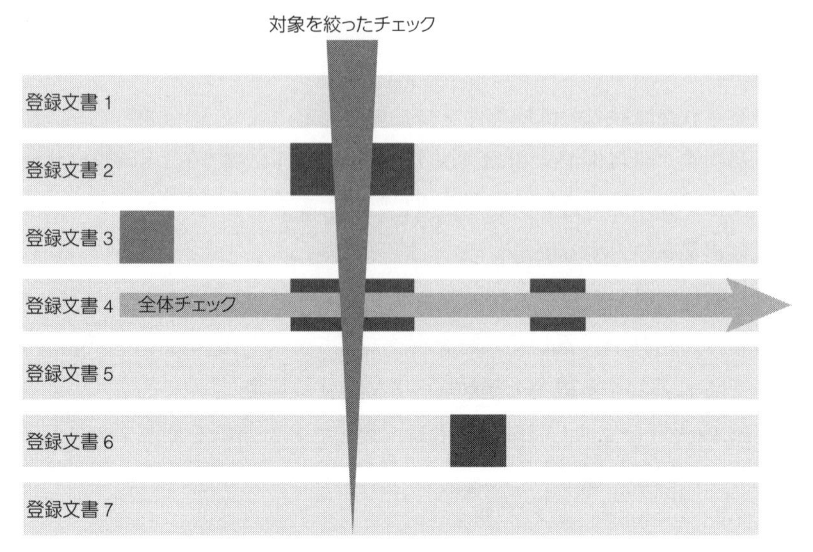

図 2.20　適合性審査における二つの確認方法（イメージ）
［出典：ECHA Evaluation Progress Report 2013[41)]］

では“Dossier 4”）についてすべてのエンドポイントを確認する方法（overall check）と，一つのエンドポイントに絞って同一物質の複数の登録文書のすべてを確認する方法（targeted check）を併用して実施される．特に，遺伝毒性，反復投与毒性，出生前発生毒性，生殖毒性，発がん性，長期間水生毒性，生分解性及び生物蓄積性の八つの高次エンドポイントに焦点が当てられる．

ECHAは，登録文書に対する適合性審査の開始を提出事業者に通知することはなく，事業者はECHAのウェブサイト“Dossier Evaluation status”[42)]によって知ることができる（図2.21）．

ECHAは，審査開始から12か月以内にデータギャップが発見されれば，それを埋めるために追加情報を要求する決定案を発行する．登録者は，決定案のメッセージをREACH-ITで受け取ることになる．決定案への対応として，登録者は，共同登録者間でその後の手順とスケジュールについて合意しておくことが望ましい．

決定案受領後，登録者は，共同登録者間で連絡を取り合い，すべてのコメン

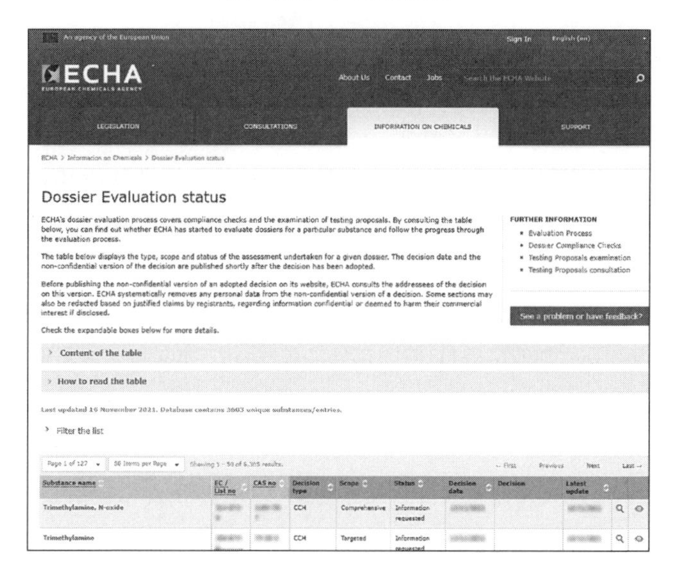

図 2.21　ECHA のウェブサイト“Dossier Evaluation status”

トを収集して一つの回答コメントに統合し，30 日以内に ECHA に返信しなければならない．ECHA は，受領したコメントを踏まえ，必要に応じて修正を加えて，決定案を加盟国に提案する．すべての加盟国がその決定案に合意すれば，ECHA は決定を採択することになる．

その後，ECHA は文書評価決定のフォローアップとして，登録文書が決定に沿って更新されているかどうか評価する．したがって，登録者は，適合性審査の決定がなされれば，速やかに登録文書の更新を行うべきである．

2.2.3　物質評価

物質評価は，加盟国によって行われる，選定された物質の製造及び使用がヒトの健康又は環境にリスクをもたらすかどうかを明確にするプロセスである．対象となる物質は，リスク・ベースの基準として，有害性関連の基準，ばく露関連の基準及びリスク関連の基準に基づいて選定される．

物質評価は，CoRAP（Community Rolling Action Plan：欧州共同体ローリ

ング・アクション・プラン）と呼称され，図2.22に示すように，基本的には3か年かけて実施される．

具体的には，次のとおりである．

$n-1$年目：ECHAより，毎年10月に来年以降3年間のCoRAPリスト案［対象物質とeMSCA（evaluating Member State Competent Authority：評価担当国当局）を含む.］が公表される．

n年目：ECHAはECHA内に設置されているMSC（Member State Committee：加盟国委員会）の意見に基づいて，本年以降3年間のCoRAPリストを採択し，3月に公表する．eMSCAは1年かけて物質評価を実施する．

$n+1$年目：eMSCAは物質評価結果をまとめ，ECHAに提出し，ECHAは物質評価決定案として登録者に通知する．追加情報を求める決定案の場合には，登録者は指定された期日までに求められた情報を提出しなければならない．eMSCAは追加情報を吟味し，

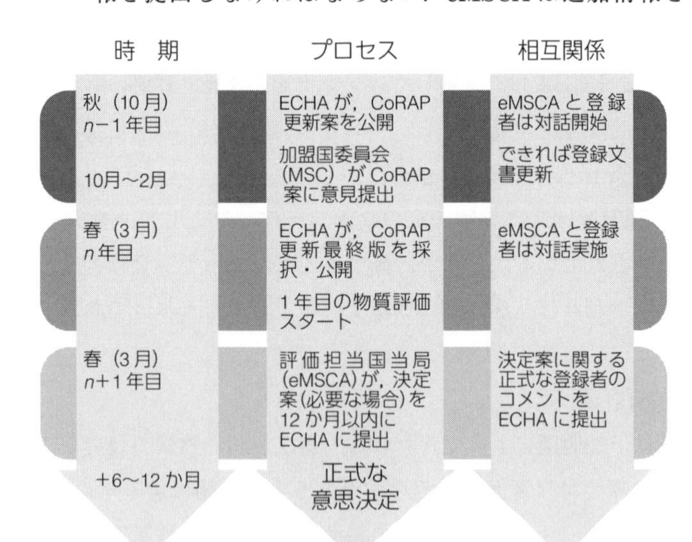

図2.22　物質評価プロセスの概要

［出典：Leaflet-Substance evaluation under REACH[43]］

その後所定の手続きを踏んで最終決定される．

登録者に望まれる対応は，$n-1$ 年目の 10 月に CoRAP リスト案が公表されるため，このリストに登録物質が掲載されているかどうかを確認し，掲載されていれば早期に SIEF 内で協議のうえ，物質評価が開始される前に，物質評価への対応体制を確立し，物質評価が進行中に eMSCA と窓口としてコンタクトする登録者を決定すること，及び登録文書を確認し，必要あれば更新することである．

図 2.22 に示されているように，物質評価は eMSCA と登録者との対話によって進行するといわれている．eMSCA の当該物質に対する懸念事項等を前広に聴取し，提出が求められると予想される情報やデータに加えて，主張すべき事項は準備しておくことが推奨される．

日本の事業者の場合には，物質評価の進行状況が，SIEF に参加する指名した OR より定期的に報告されることによって，しっかり把握できるようにしておくことが望ましい．物質評価終了後に，突然，OR より「データ提出が求められた．」という報告を受けるような事態が起こらないように注意する必要がある．

物質評価は完了後，そのフォローアップとして，加盟国当局は物質評価から得られた情報の利用を検討し，その結論を ECHA に連絡しなければならず（第 48 条），規制の出発点という一面があることも認識しておくべきである．

2.3　認可（authorisation）

認可は，第 55 条で規定しているように「極めて高い懸念のある物質（SVHC）によるリスクが適切に管理され，経済的及び技術的に実用可能であれば，当該懸念物質が適切な代替物質又は代替技術で置き換えられることを確保しつつ，欧州域内市場が良好に機能することを確実にすること」を目的としている．

認可プロセスは，ECHA のウェブサイト "Authorisation"[44] 及び "Authorisation process"[45] に示されているように，三つの段階（Phase）より構成される．第1段階がSVHCの指定，第2段階がSVHCから認可対象物質（附属書XIV）の決定，第3段階が認可申請及び認可の付与である（図2.23）．

SVHCに指定する基準は第57条に規定されており，加盟国，あるいは欧州委員会の要請を受けたECHAは，第57条の基準に合致する物質を選定し，パブリック・コメントを受けた後，当該基準に合致すると確定した物質が認可候補物質リストに収載される．

ECHAは，認可候補物質の中でどの物質を優先的に認可対象物質にすべき

段階1
高懸念物質（SVHC）

SVHC提案意図の登録から結果まで
SVHC関連文書の準備
意見募集
候補物質リストへの物質の追加

段階2
認可対象物質リストへの収載についての勧告

優先順位設定
勧告案
意見募集
MSCの意見
勧告及び認可対象物質リストへの収載

段階3
認可申請

認可申請
意見募集
RAC及びSEACの意見
委員会の決定
実行
レビュー報告書，当該企業がレビュー期間終了後もその物質の使用を継続する必要がある場合

（**a**）3段階のプロセス

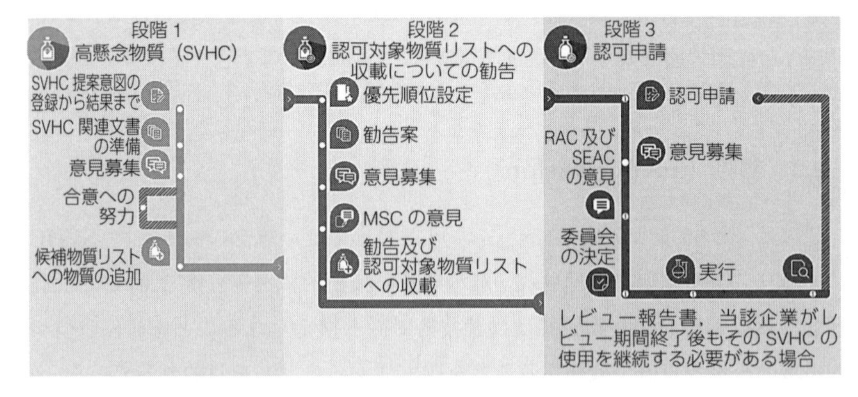

（**b**）3段階のプロセスのフローチャート

図2.23 認可プロセス

かを評価する．認可対象物質（附属書 XIV）に収載すべき優先物質の勧告案を作成し，パブリック・コメントを受けた後，優先物質を最終的に確定し，欧州委員会に勧告する．欧州委員会は，認可対象物質リストに含める物質とそのエントリ事項［日没日（sunset date：認可が授与されていない限り，物質の上市と使用が禁止される日］，認可申請受理の期限日，認可レビュー期間，認可要件から免除される使用）を決定する．

認可対象物質は，日没日以降，認可を授与されていない限り，上市と使用が禁止される．当該物質を日没日以降も継続して上市・使用したい製造者，輸入者及び川下ユーザーは認可申請することができる．認可申請では，認可での使用，当該物質に係る CSR，代替物質分析等，第 62 条(4)，(5)に示された事項をまとめ，ECHA に提出する．

ECHA では，RAC（Committees for Risk Assessment：リスク評価委員会）及び SEAC（Committees for Socio-Economic Analysis：社会経済性分析委員会）がそれぞれ審査を行い，途中にそれぞれパブリック・コンサルテーションが実施され，そこで入手された情報をも検討して，ECHA が意見をまとめ，欧州委員会に送付し，欧州委員会が認可するかどうか決定する．

それでは認可の各段階について，ここから詳しくみていくことにしよう．

2.3.1　第 1 段階：SVHC としての認可候補物質指定

第 57 条では，次に示す有害性をもつ物質を SVHC として特定する可能性があるとしている．

- ・CMR 区分 1A 又は区分 1B の CLP 分類基準を満たす物質
- ・PBT/vPvB の物質（附属書 XIII による）
- ・内分泌かく乱性を有する（Endocrine Disruptor：ED）など，CMR 又は PBT/vPvB 物質と同等の懸念を引き起こす個別の物質

SVHC 指定に係るフローを図 2.24 に示す．

各加盟国又は欧州委員会が第 57 条に規定する基準を満たしていると判断した物質に対して，各加盟国又は欧州委員会の要請を受けた ECHA は，附属書

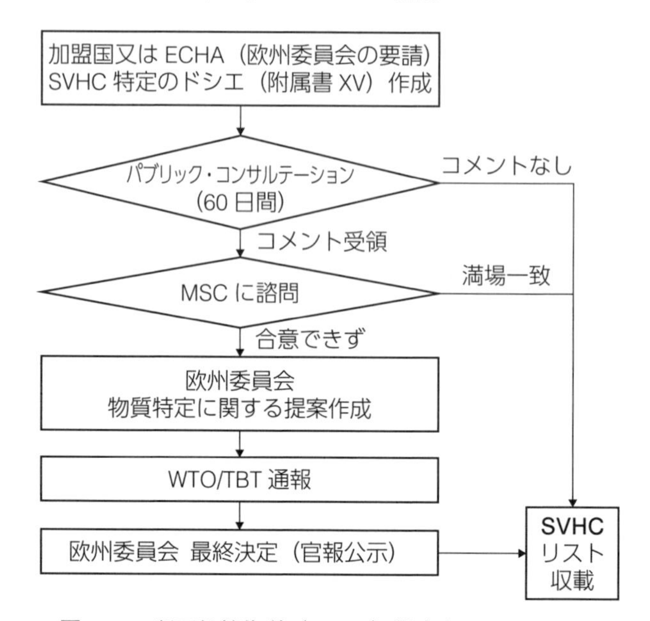

図 2.24　認可候補物質（SVHC）指定までのフロー

XVに従って，その物質を認可候補物質に特定するための提案書となるドシエを作成する．そのドシエはECHAのウェブサイトに公表され，パブリック・コメントを受ける．

その後，ECHA内のMSCにおいて提案内容及び受領したパブリック・コメントが検討され，MSCにおいて全会一致の合意が得られれば，その時点で当該物質は認可候補物質（SVHC）リストに収載される．MSCが全会一致の合意に達しない場合には，欧州委員会は当該物質の特定に関する提案を作成し，WTO/TBT通報を含む所定の手続きを踏んで，最終的に認可候補物質に指定するかどうか決定する．

現在では，年に2回，パブリック・コンサルテーション[46]が3月から4月及び9月から10月にかけて実施され，およそ6月と12月に認可候補物質の追加が行われている．

認可候補物質には，表2.19に示す特有の義務が発生する．これらの義務は，

表 2.19　認可候補物質に対する義務

項　目	内　　容
第 7 条(2) 届出の義務	・届出義務者：成形品の製造者又は輸入者 ・成形品中に含有される認可候補物質が次の条件に該当する場合には，ECHA に届出を行う義務 　・成形品中に 0.1 重量%超の濃度で存在 　・成形品中の当該物質の製造者・輸入者当たりの合計量が年間 1 トンを超過 　・成形品の用途が登録されていない場合
第 31 条 SDS に対する要件	・SDS をその物質又はその物質を含む混合物の受領者に提供する義務
第 33 条 情報提供の義務	・成形品中に当該物質が 0.1 重量%超で含有される場合，成形品の受領者に安全に使用できるために十分な情報（最低限，物質名称）を提供する義務 ・消費者から要求があった場合には，45 日以内に安全に使用できるために十分な情報（最低限必要な情報として，物質名称）を無償で提供する義務

収載された物質そのもの，又はその物質を含む混合物ばかりではなく，その物質を含有する成形品に対しても課せられることを認識しておかなければならない．この法的義務は，認可候補物質リストに収載された日から有効に発生するので，認可候補物質の指定動向として，ECHA のウェブサイト“Candidate List of substances of very high concern for authorisation”[47] は注視しておく必要がある（図 2.25）．

認可候補物質を含む成形品を取り扱う事業者には“改正廃棄物枠組み指令（EU）2018/851”[48] で新たに構築された SCIP［Substances of Concern In articles as such or in complex objects（Products）］データベース[49] への情報提出の義務があることも忘れてはならない［3.2.4 項（166 ページ）参照］．

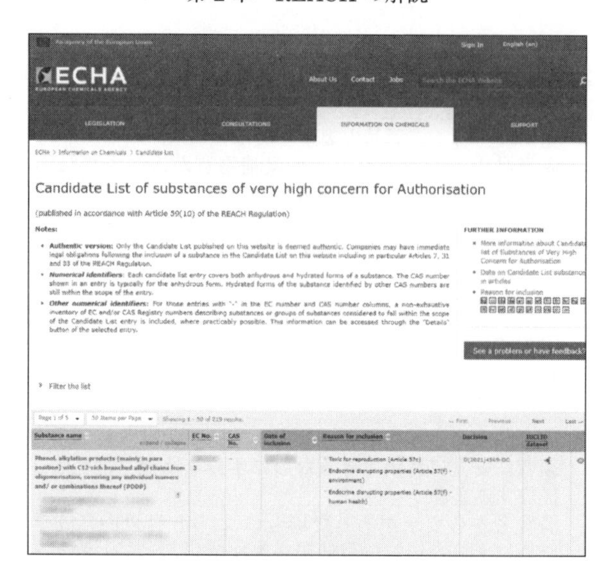

図 2.25　ECHA認可候補物質のウェブサイト

2.3.2　第2段階：SVHCから認可対象物質（附属書XIV）の決定

ECHAは，認可候補物質リストの中で，どの物質を優先的に認可対象物質リスト（附属書XIV）に含めるべきかを定期的に評価し，決定することになっている．優先性は，次の要件に合致する物質にある．

・PBT/vPvB特性

・広範な分散的使用

・高生産量

ECHAは，優先物質に関して，勧告案（日没日，認可申請者が日没日以降も継続して当該物質の上市・使用することを望む場合の認可申請受理の期限日，認可における使用のレビュー期間，及びもしある場合には，認可要件から免除される使用及び免除される条件を含む．）を作成し，3か月間のパブリック・コンサルテーションを実施する．

次にECHAのMSCが受領したパブリック・コメントを考慮して，勧告案に関する意見を作成する．その意見やパブリック・コメントを考察し，ECHAが

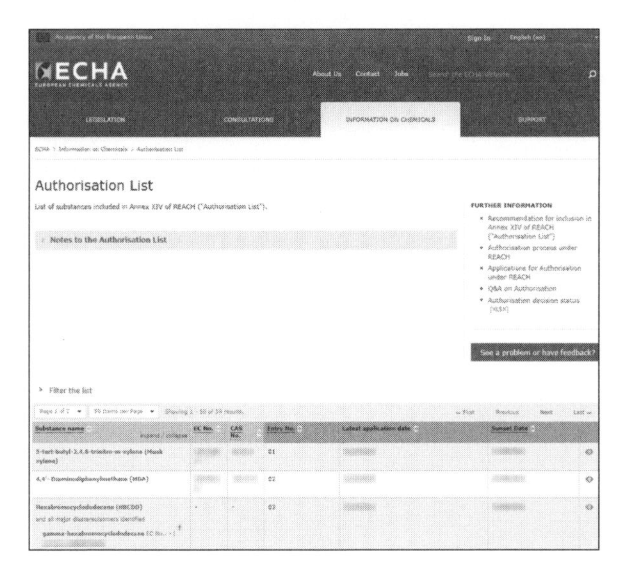

図 **2.26**　ECHA 認可対象物質リストのウェブサイト

最終勧告案を決定し，欧州委員会に提出する．これを受けて，欧州委員会は認可対象物質リストに含める物質について決定を下す．

欧州委員会の決定は欧州官報に公示され，ECHA のウェブサイト “Authorisation List”[50] が更新される（図 2.26）．

附属書 XIV に掲載されると，物質ごとに日没日が定められるので，その物質を製造又は輸入する企業，あるいは川下ユーザーは，使用ごとに各社が認可を受けなければ，EU では日没日以降の上市と使用が禁止される．

2.3.3　第 3 段階：認可申請及び認可の付与

(1)　認可申請

認可申請は，当該物質の製造者，輸入者及び／又は川下ユーザーが ECHA に対して行うことができる．その使用ごとに申請することになっており，サプライチェーンの中で，だれが申請するかを決定する必要がある．ここで，認可される使用には，図 2.27 に示すように，サプライチェーンの中でカバーされる範囲にルールがあることに注意が必要である[51].

最川上の製造者又は輸入者が認可を取得［同図（a)］すれば，その川下にあるサプライチェーン全体がカバーされるが，製造者又は輸入者の直下の川下ユーザーの認可取得［同図（b)］ではその直前の製造者又は輸入者（それより川上には遡らない）及びその川下ユーザーのすべてがカバーされる.

それより下流の川下ユーザーの認可取得［同図（c)］では，それ以降の川下ユーザーのすべてはカバーされるが，川上にある製造者又は輸入者及び川下ユーザー（混合物製造者等）はカバーされない.

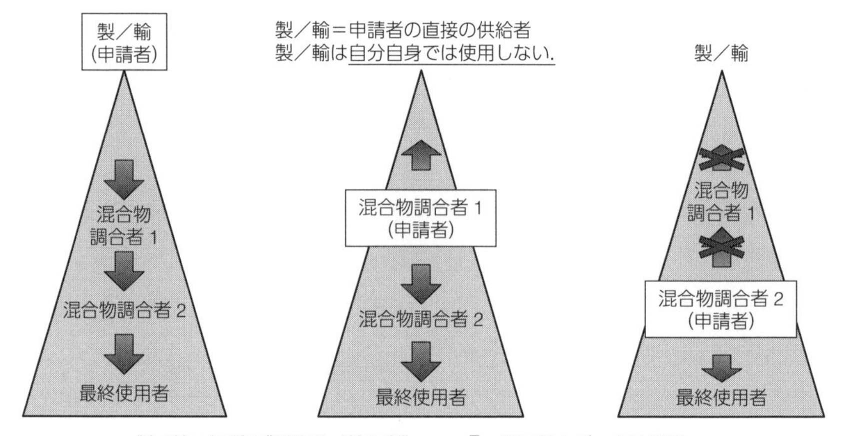

図 2.27　認可申請においてサプライチェーンでの使用でカバーされる範囲
［出典：Authorisation supply chain coverage[51]］

認可申請には，第62条(4)，(5)に規定された情報を準備する必要があり，相当の手間と時間，費用がかかる．当該物質の事業環境を鑑み，認可申請を行うかどうか慎重な判断が求められる.

第62条（認可申請）

4. 認可申請には，次の情報を含むものとする．

(a) 附属書VIのセクション2に記す物質の特定

(b) 申請を行う者の名称及び詳細な連絡先

(c) どの使用に対して認可を求めているのかを特定する，及び関連する場合には，混合物中の物質の使用及び／又は成形品への物質の組込みをカバーする認可の要請

(d) 登録の一部としてすでに提出されていない場合には，附属書XIVで特定された固有の特性から生じる物質の使用からのヒトの健康及び／又は環境へのリスクを含む，附属書Iに従った化学品安全性報告書

(e) 代替物質のリスク及び代替の技術的及び経済的な実現可能性を考慮した，並びに適切であれば，申請者による関連したあらゆる研究開発活動についての情報を含む代替物質の分析

(f) (e) に記す分析が，第60条(5)の要素を考慮しつつ，適当な代替物質が利用可能であることを示す場合は，申請者による実施案の予定表を含む代替計画

5. 申請は，次の事項を含めてもよい．

(a) 附属書XVIに従って実施された社会経済性分析

(b) 次のいずれかから生じるヒトの健康及び環境へのリスクを考慮しないことに対する正当な根拠

(i) 指令96/61/ECに従って許可が与えられている設備からの物質の放出

(ii) 指令2000/60/ECの第11条(3)(g)に記す先行規則及び同指令の第16条下で採択された法律での要件により管理されている点源からの物質の排出

認可申請から認可を付与されるまでのフローを図2.28に示す．

認可申請者は，ECHAのウェブサイト“How to apply for authorisation”[52]で提示する手順に従って認可申請を進めていくことが強く推奨される．認可申

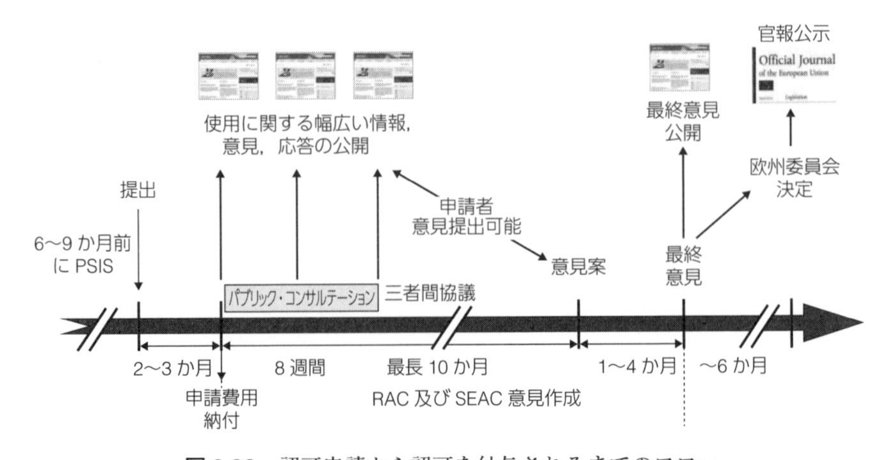

図2.28　認可申請から認可を付与されるまでのフロー
［出典：Lessons learned from applications for authorisation - *Matti VAINIO, Risk Management Directorate, ECHA*[53)]］

請を提出する少なくとも8か月前にECHAには事前連絡をする必要があり，あわせて事前相談として，PSIS（Pre-Submission Information Sessions）を要望することができる．PSISは，認可申請プロセスの規制面及び手続き面に関する申請者個別の疑問を解消する機会を与えるもので，有効に活用されたい．

(2) 認可の付与

認可付与の要件（ルート）には，図2.29に示すように，① 適切なリスク管理のルート（同図のルートa）と② 社会経済性便益のルート（同図のルートb）の二つがある．

① 適切なリスク管理のルート

認可対象物質の使用から生じるヒトの健康又は環境へのリスクが，CSRに記載されたように，ばく露レベルが閾値であるDNEL及びPNECよりも低く，十分に管理される場合には，認可が付与される．

このルートでは，次の特性を有する物質には認可が付与されない．

1）CMRの区分1A又は区分1Bの基準，又は内分泌かく乱性（ED）の

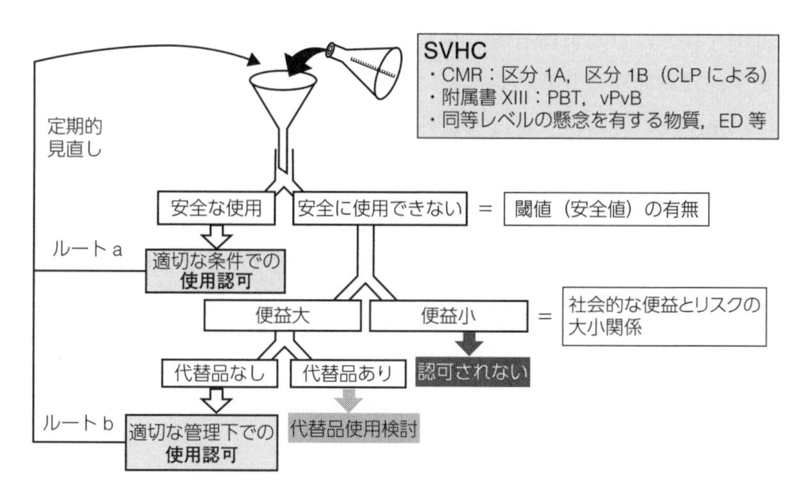

図 2.29　認可付与の要件（ルート）の概念図

ような CMR 特性等と同等の懸念を有する物質に対する第 57 条(f)の基準に該当する物質で，閾値を決められない物質

2）PBT/vPvB の基準に該当する物質

3）PBT 又は vPvB の特性を有し，第 57 条(f)に基づいて特定された物質

②　社会経済的便益のルート

適切なリスク管理のルートでは認可されない物質では，社会経済的便益がその物質の使用から生じるヒトの健康又は環境へのリスクを上回り，適切な代替物質又は代替技術がない場合にのみ，認可が付与される．

認可では，次の事項が特定される．

a）認可が付与される者

b）物質の特定

c）認可が付与される使用

d）認可が付与されるあらゆる条件

e）期限付きのレビュー期間

f）モニタリングの取決め

認可が付与された認可保有者には，認可条件にかかわらず，ばく露が技術的及び実際的に可能な限り低いレベルに低減されることが求められ，認可保有者及びその川下ユーザーは，認可された使用に当該物質又は当該物質を含む混合物を上市する前に，ラベルに認可番号を記載しなければならない．

認可は，上記の認可における特定事項e）に示されているように，期限付きであることは認識しておく必要がある．認可保有者は，レビュー期間終了の少なくとも18か月前にレビュー報告書を提出する必要がある．そこで，認可保有者は，次の情報を提出しなければならない．

・あらゆる研究開発活動についての情報を含む代替物質分析の更新版
・あらゆる代替計画の更新版
・リスクが適切に管理されることを実証できない場合には，社会経済性分析の更新版
・リスクが十分に管理されていることを実証できる場合は，CSRの更新版
・最初の申請の他のいずれかの事項に変更がある場合は，その事項の更新版

欧州委員会は，あらゆる更新情報を踏まえて，必要に応じて，認可又はその改正，あるいは取下げの決定を下すことになる．

2.4　制限（restriction）

REACHにおける制限とは，第3条(31)において「製造，使用又は上市に対するあらゆる条件又は禁止をいう．」と定義されている．

制限[54]は，化学物質によって引き起こされる許容できないリスクからヒトの健康及び環境を保護するための手段であり，通常，製造，市場への投入（輸入を含む．）又は物質の使用を制限又は禁止するために使用されるが，技術的措置や特定ラベルの要求など，関連する条件が課される場合もある．

制限は，登録を必要としないもの，例えば，年間1トン未満で製造又は輸入される物質又は特定のポリマーも含め，あらゆる物質そのもの，混合物中の物質，あるいは成形品中の物質にも適用される．ただし，サイト内単離中間体，

科学的研究開発で使用される物質及び化粧品での使用によってヒトの健康にリスクをもたらすだけの物質（“化粧品指令 76/768/EEC”で規定されるもの）は，制限の適用が免除される．

対象となる物質が，発がん性，生殖細胞変異原性又は生殖毒性の区分 1A 又は区分 1B の分類基準を満たし，消費者に使用されるおそれがある場合には，欧州委員会は第 68 条(2)で規定する“ファースト・トラック”と呼ばれる迅速な手法で，消費者の使用に対する当該物質の制限を提案し，適用できるようになっている．

2.4.1　制限と認可の違い

懸念物質を管理する主要な手法として，REACH では制限と認可があげられる．この違いは認識しておく必要がある．化学物質国際対応ネットワークが 2014 年 1 月に開催した“EU における化学物質管理に関する最新動向セミナー”において，図 2.30 のように，制限と認可の違いが模式的に説明されている[55]．

制限と認可は，ちょうど写真用フィルムのポジフィルムとネガフィルムのよ

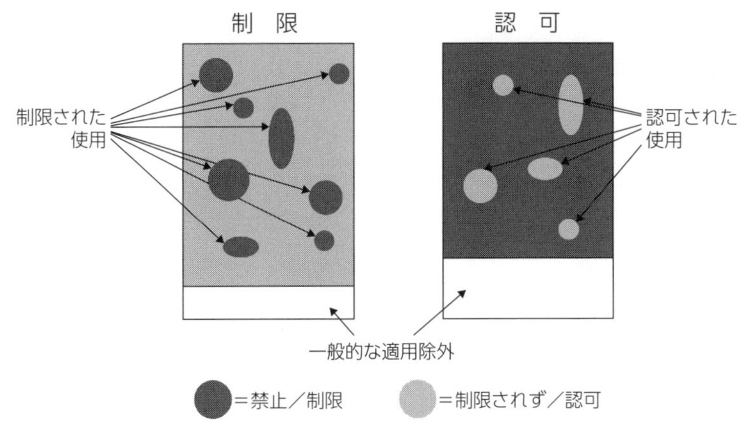

図 2.30　制限と認可の違い

［出典：化学物質国際対応ネットワークウェブサイト[55]］

うな関係で，制限は，ある物質の中で，特定された使用が禁止・制限されるのに対し，認可は，禁止・制限された物質の中で，認可された使用のみが使用可能になる．

2.4.2　制限プロセス

制限プロセスは，ECHAのウェブサイト“Restriction process”[56]に示されているように，三つの段階（phase）より構成される（図2.31）．

（**a**）3段階のプロセス

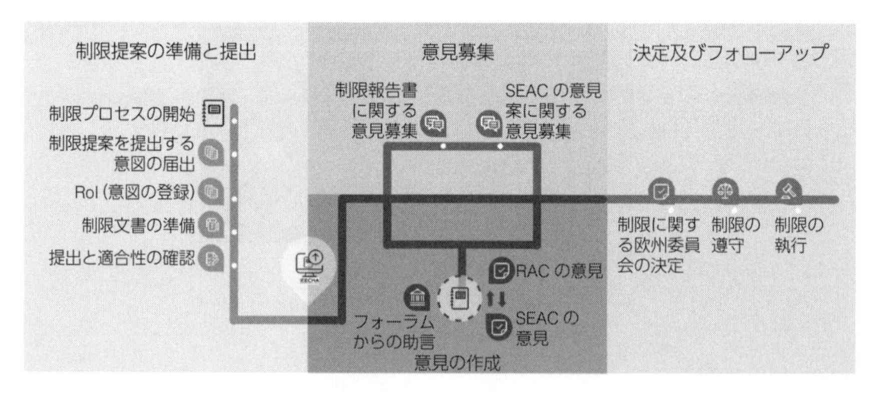

（**b**）3段階のプロセスのフローチャート

図2.31　制限プロセス[56]

(1) 第1段階：制限提案の準備と提出

加盟国又は欧州委員会の要請を受けたECHAは，特定の物質そのもの，混合物中又は成形品中の物質の製造，上市又は使用がもたらすヒトの健康又は環境へのリスクが十分に管理されておらず，対処する必要があると判断した場合には，制限を提案することができる．制限提案を作成する際には，事前に制限提案に関するRoI（Registry of Intention：意図の登録）がECHAに通知され，公開される．

制限提案文書は，附属書XVに従って作成し，RoIの通知から12か月以内にECHAに提出する必要がある．制限提案文書には，物質の特定や制限提案の正当性などの背景情報とともに特定されたリスク，物質の代替品に関する情報及び制限による環境とヒトの健康への利益とコストが含まれる．

(2) 第2段階：パブリック・コンサルテーション及び意見の作成

ECHAでは，受領した制限提案文書が附属書XVの要件に適合しているかRACとSEACの両委員会によって確認された後に公開され，パブリック・コンサルテーションが実施される．利害関係者は，公開から6か月以内にコメントを提出できる．

ECHAのRACは，制限提案文書の公開日から9か月以内に，パブリック・コメントも検討のうえ，制限提案がリスク低減に適切かどうか意見をまとめる．同時に，SEACはパブリック・コメント及び社会経済性を考慮に入れて，RACと協議しつつ，制限提案の社会経済的影響について意見を作成する．制限提案に関するSEACの意見案は公開され，60日間のパブリック・コンサルテーションが実施される．その後，SEACは，制限提案文書公開から12か月以内にパブリック・コメントを考慮に入れて最終意見を採択する．

EUの制限は，世界的に，かつ全産業に対して影響を有するものであるから，当該物質を取扱う事業者は，制限提案の内容を確認のうえ，必要があれば，躊躇なく意見を提出することが勧められる．

(3) 第3段階：決定及びその後のフォローアップ

ECHAの両委員会の意見は，欧州委員会に提出される．欧州委員会は，意見受領から3か月以内に，特定されたリスクと制限提案のメリットやコストについてバランスを踏まえて，附属書XVII（制限物質リスト）の改正案を作成する．その後，改正案は所定の手続きに従って決定され，官報公示される．

制限は採択されると，産業界はその決定事項を遵守しなければならない．産業界には，製造者，輸入者，川下ユーザー，流通業者，小売業者のすべてが含まれる．加盟国各国は，制限に関して執行の責任を有し，査察等によって制限が遵守されているかどうか確認することになる．

2.5 懸念物質の管理

REACHでの登録プロセスにおいて，事業者より提出された各物質に関する情報やデータは，ECHA及び加盟国による，それぞれその適合性審査及び選択された物質の特性評価によって，ヒトの健康又は環境に対する懸念を有するかどうかが明確にされ，さらに懸念を有する物質についてそのリスクを管理できるかどうかが評価される．

2013年12月には，欧州委員会のコミットメント「2020年までに，関連する，現在知られているすべてのSVHCを認可候補物質リストに含める．」を受けて，ECHAより“SVHC Roadmap to 2020－Implementation Plan”[57]が公表された．

この中で，登録された物質から懸念を有するおそれのある物質をスクリーニングし，懸念の有無を評価後，懸念を有する物質に対してEUにおいて最適な規制措置を導出するまでのフローが示された．ECHAは，懸念物質管理のプロセスをREACH及びCLPのこれまでの施行で得られた経験に基づいて，図2.32に示すような，種々の規制プロセスを編成した統合規制戦略（integrated regulatory strategy）として体制付けた．

このプロセスにおいては，懸念物質に対してどのような規制措置が最適かを検討する，必要な規制の評価（assessment of regulatory needs）及びこの図には示されていないが，このプロセス全体の進捗具合及びこのプロセスで検討対象となった個々の物質が現在どの工程にあるかを公表する PACT（Public Activities Coordination Tool：公開活動調整ツール）は重要なプロセス及びツールであり，次に個別に取り上げて説明する．

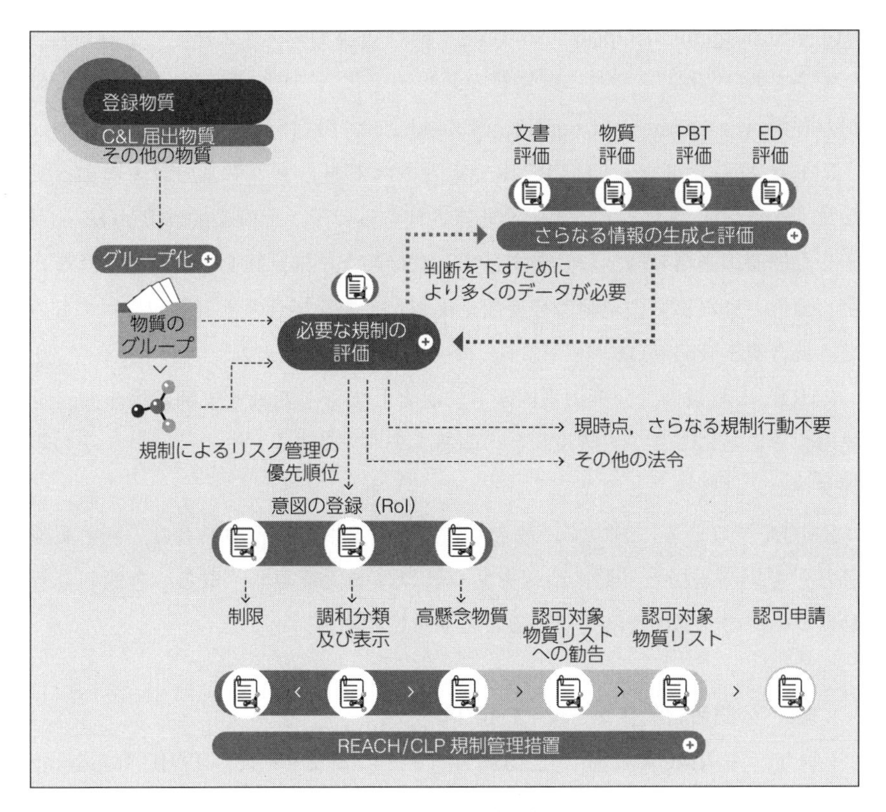

図 2.32　懸念物質の管理

［出典：ECHA infographic "Addressing substances of concern" [58]］

2.5.1　規制管理オプション分析（RMOA）と必要な規制の評価

RMOA[59] は，2013 年 12 月に公表された "SVHC Roadmap to 2020 — Implementation Plan”の中で，Risk Management Option Analysis（リスク管理オプション分析）として新規に導入された，加盟各国の規制当局が特定の物質に規制措置が必要かどうかを分析し，懸念物質に対処するための最適な規制措置（例えば，調和分類及び表示，認可候補物質リストへの収載，制限又はその他のEU全体の措置）を特定するためのプロセスであった．

その後，実施される分析の広範な範囲をよりよく反映させるために，Regulatory Management Option Analysis（規制管理オプション分析）という名称に変更され，2021年9月には物質のグループ化アプローチを加えて必要な規制の評価（assessment of regulatory needs）と呼ばれるようになった．

RMOAプロセスは，EUの法律で定義されておらず，主に加盟国によって任意（ケース・バイ・ケース）で実施されるもので，その結論はRMOAを実施した加盟国当局の結論にしかすぎず，直接的な法的意味をもつものではないが，分析された物質の規制の必要性や規制が必要な場合のその方向を示すもので，統合規制戦略（118ページ参照）の下で重要なステップとなっている．

RMOAの結果は，分析担当国が，結論として下した最適規制に係るRoIを提出することにより，当該規制との関連性を有することになり，以降，その規制プロセスに従うことになる．

RMOAプロセスにおいて，選定された物質を取り扱う事業者は，利害関係者として担当当局と早期に情報を共有し[60]，議論を重ね，取るべき適切な行動についての共通の理解を深めることが重要である．

2.5.2 公開活動調整ツール（PACT）

PACT[61]もRMOAと同じく2013年12月に公表された“SVHC Roadmap to 2020 – Implementation Plan”の中で新たに導入された，加盟国又はECHAが危険・有害性や懸念について調査を行っている物質を公表するツールであり，当局の物質調査に関する作業の透明性と予測可能性を高めるために開発されたものである．

PACT内の情報[62]は48時間ごとに更新されており，この情報によって，将来，どの物質がどのリスク管理措置によって規制される可能性があるかをより正確に予測できる．

REACH 登録者をはじめ，化学品を取り扱う事業者は定期的に PACT 情報を監視することにより，例えば，何らかの規制に関するパブリック・コンサルテーションに向けて情報を収集しておくなど，規制への対応を準備することが可能となる．

2.5.3　ナノマテリアルの管理

“ナノマテリアル”は，標準仕様書 TS Z 0030-1:2017（ISO/TS 80004-1:2015 と内容一致）によれば，「外径寸法のいずれかがナノスケールである材料又はナノスケールの内部構造又は表面構造をもつ材料」であり，ナノスケールは，概ね 1 nm ～ 100 nm のサイズ範囲として定義されている．

ナノマテリアルは，ナノスケールにあることから極めて分子に近い生体内挙動を示す可能性があり，これまでのバルク粒子（すべての次元で 100 nm を超える）とは異なる影響を及ぼすおそれがあるため，EU においては，バルク粒子とは別に特別な管理が必要であると考えられている．そのため，本項で“ナノマテリアルの管理”を取り上げることにしたい．

EU では，2011 年 10 月に“ナノマテリアルの定義に関する 2011 年 10 月 18 日付の委員会勧告（2011/696/EU）”として，ナノマテリアルの定義[63]が示された．

2.　“ナノマテリアル”とは，非結合状態，強凝集体（アグリゲート），又は弱凝集体（アグロメレート）としての粒子を含む天然の，偶発的にできた，又は製造された材料で，個数粒度分布での 50％以上の粒子について一つ又は複数の外径寸法がサイズ範囲 1 nm ～ 100 nm にあるものを意味する．（後略）

3.　2. を適用除外として，1 nm 未満の一つ又は複数の外径寸法をもつフラーレン，グラフェンフレーク，及び単層カーボンナノチューブはナノマテリアルとみなすべきである.

4.　2.の目的で,“粒子”“弱凝集体”及び“強凝集体”は次のように定義される.

(a)“粒子”は,明瞭な物理的境界をもつ微細な物体(matter)を意味する.

(b)“弱凝集体”は,弱く結合した粒子又は強凝集体で,その結果としての外部表面積が個々の構成物の表面積の合計と同等となるものの集合体を意味する.

(c)“強凝集体”は,強く結合又は融合した粒子からなる粒子を意味する.

5.　(省略)

本定義では,1次粒子(非結合状態)がナノスケールにあれば,その結合状態によらずナノマテリアルであるとしている点,及び粒度分布に質量分布(又は体積分布)ではなく個数分布を採用している点が注目される.なお,本定義は「その後の経験と科学技術の進展に照らして見直す.」とされており,改正動向は注目しておく必要がある.

EUにおけるナノマテリアルの管理において,2012年に公表された“ナノマテリアルの関する第2回規制の見直し(Second Regulatory Review on Nanomaterials)”[64]は,その後のEUにおけるナノマテリアルの管理・規制に関する方向を示すものとして重要である.ここで示された事項の要点がプレスリリースにまとめられており[65],次のように要約される.

1) ナノマテリアルにはリスク評価が必要である.

a) ナノマテリアルに関するリスクは,特定のナノマテリアルと特定の使用に関連しており,リスク評価は,適切な情報を用いてケース・バイ・ケースで実施されるべきである.

b) ナノマテリアルの定義[欧州委員会勧告(2011/696/EU)]は,適切であればEUの法令に統合されるであろう.

2) REACHはナノマテリアル管理の最良の枠組みである.

a）REACH は，ナノマテリアル（物質又は混合物である場合）に関するリスク管理のための最良の枠組みを設定していると確信するが，その枠組みの中でより具体的な要件が必要であることが証明されている．

b）欧州委員会は，REACH 附属書の一部改正を想定しており，ECHA には 2013 年以降に登録用ガイダンスを作成するように勧奨する．

3）次のステップ

a）ナノマテリアルに関する情報の利用可能性を改善するために，欧州委員会は，関連するすべての情報源を参照するウェブサイト上のプラットフォームを構築する．

b）並行して，欧州委員会は，透明性を高め，規制の監視を確保するための最適な手段を特定し，開発するための影響評価を行う．これには，そのような目的のために必要な収集データの詳細な分析が含まれる．

1）b）に関しては，2012 年 6 月に官報公示された殺生物性製品規則（Biocidal Products Regulation）[66] に，欧州委員会勧告（2011/696/EU）のナノマテリアルの定義が，ほぼそのまま取り入れられている．

今後，欧州委員会勧告（2011/696/EU）のナノマテリアルの定義が見直され，修正される可能性はあるが，その定義は，ナノマテリアルを規制するその他の法律にもほぼそのまま取り入れられ，各法律間でのナノマテリアルの定義の整合性が保たれると予想される．

3）a）の対応として，欧州委員会は，ECHA に委託してナノマテリアルに特化したウェブサイト “European Union Observatory for Nanomaterials”（EUON）[67] を 2017 年に構築し，公開している．

EUON では，ナノマテリアルに関する使用，安全性，法規制，研究・開発及び EU での登録・届出（REACH 登録，化粧品インベントリー，ベルギー及びフランスでのインベントリー）に関する情報が公開されており，ナノマテリアルに関して何らかの情報を入手したい場合には，このウェブサイトにアクセスすることが推奨される．

ナノマテリアルを取り扱う事業者にとって，最も影響が大きい項目は，2）a)，b）であり，関連する委員会規則（EU）2018/1881[68]が2018年12月4日に官報公示された．施行は官報公示20日後，適用は2020年1月1日である．附属書I，附属書III，附属書VI～附属書XIIを改正し，ナノマテリアル物質の登録要件等を明確にするものである．ナノマテリアルの定義には，欧州委員会勧告2011/696/EUがそのまま採用されている．

委員会規則（EU）2018/1881では，附属書VIを改正することによって，新たにナノマテリアルに関して二つの用語が導入された．

その一つが“ナノフォーム（nanoform）”である．ナノフォームは，欧州委員会勧告2011/696/EU（ナノマテリアルの定義）で規定された形態を有する物体で，委員会規則（EU）2018/1881のセクション2.4［粒径分布，表面化学特性（表面処理），形状，結晶性及び比表面積をそれぞれ規定］に従って特徴付けられるものである．

ECHAが発行するガイダンス“Appendix for nanoforms applicable to the Guidance on Registration and Substance Identification”[1), 69)]では，例えば，粒子の表面化学は，粒子の性質に大きな影響を与えうるとして，ナノフォームを特徴付ける重要な要素の一つであると説明している（図2.33）．

粒子形状についても，図2.34のように，その形状によって，四つにカテゴリー化されることが，それらの例とともに示されている．これらの形状はナノフォームの特性に影響を与える要素と考えられる．

もう一つの新たな用語は“類似のナノフォームのセット（a set of similar nanoforms）”である．類似のナノフォームのセットは，前述のセクション2.4に従って特徴付けられた類似のナノフォームのグループであり，セット内の個々のナノフォームは，セクション2.4内の各パラメーターで明確に規定された境界により，有害性評価，ばく露評価及びリスク評価を一緒に実施できる．

これらの境界内での変動がセット内の類似のナノフォームの有害性性評価，

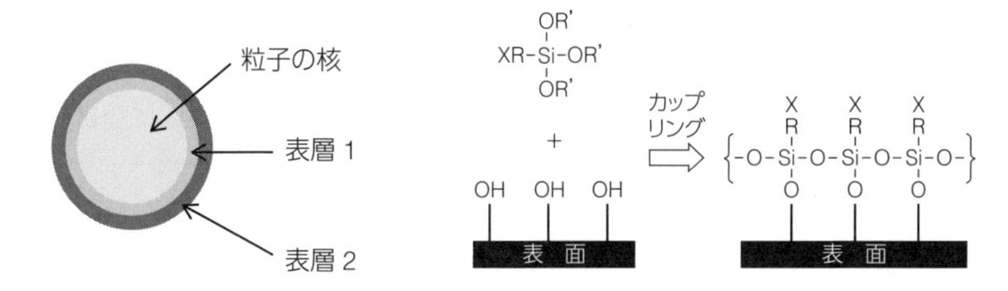

(a) 連続的な表面処理によって表面が変更されたナノフォーム　(b) 有機シラン表面処理剤 XR−Si−(OR′)$_3$ による化学的表面処理

図 2.33　連続的な表面処理によって表面が変更されたナノフォーム及び有機シラン表面処理剤による表面処理の概要図 [69]

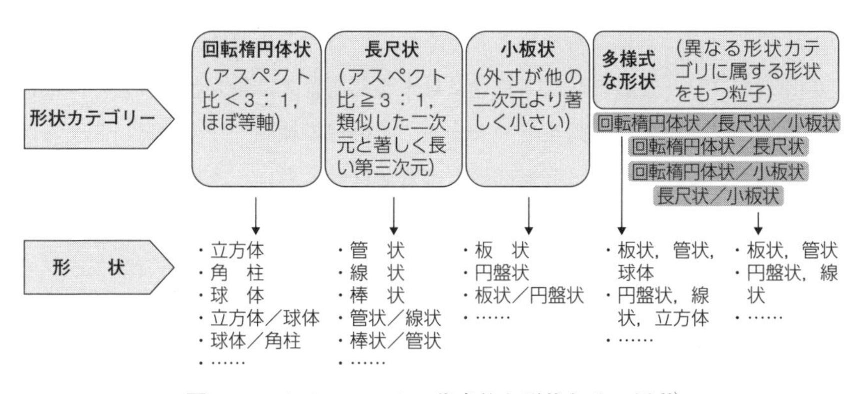

図 2.34　ナノフォームの代表的な形状とその例 [69]

ばく露評価及びリスク評価に影響を与えないことを実証する根拠が提示されなければならない．このことより，類似の形態や特性を有するナノマテリアルは共同で登録されることが想定されていると考えられる．

今回の改正では，ナノマテリアル物質の登録及びリスク評価において，より特化した詳細な情報を求める要件が附属書 VI に加えて，化学物質の安全性評価として附属書 I に，登録情報の要件として附属書 III，附属書 VII ～附属書 XI に，及び川下ユーザーの義務として附属書 XII にそれぞれ追加された．ECHA は，ナノマテリアル物質の登録及びリスク評価を支援する目的で，ナノマテリアルに特化した多くのガイダンスを発行している[69].

適用開始日2020年1月1日を念頭に置いて，ECHAはナノマテリアルを登録している登録者に対して，委員会規則（EU）2018/1881に従って登録の更新を行うように訴えている．ECHAは，これまでの調査で，EU内でナノマテリアルを取り扱っている事業者を把握していると考えられ，ナノマテリアル物質を登録している事業者は速やかに登録を更新することが推奨される．

2.6 サプライチェーンでの情報共有

EUでは，化学物質は廃棄及び廃棄物管理を含むライフ・サイクル全体を通して管理されなければならないと考えられている．そのため，REACHの前文(56)において，「物質のリスク管理に対する製造者又は輸入者の責任の一部には，川下ユーザー又は流通業者のような，その他の職業人への物質に関する情報の伝達がある．さらに，成形品の生産者又は輸入者は，成形品の安全な使用に関する情報を工場使用者及び業務使用者，並びに要請に応じて消費者に対し，提供すべきである．物質の使用から生じるリスクの管理に関する責任をすべての関係者が果たすことができるように，この重要な責任がサプライチェーン全体にも適用されるべきである．」と記載されている．

ECHAは，REACHが川下ユーザーにも種々の規制や影響を与えるとして，川下ユーザー向けに多くの情報を提供している．ECHAのウェブサイト“Videos, tips and presentations for downstream users”[70]に掲示されているプレゼン資料“REACH and CLP: what formulators need to know”[70]において，サプライチェーンでの情報伝達が図2.35のように図解されている．

同図が示すように，物質又は混合物の供給者は，物質又は混合物が第31条(1)のいずれかに該当する場合，SDSをその物質又は混合物の受領者に提供しなければならない．

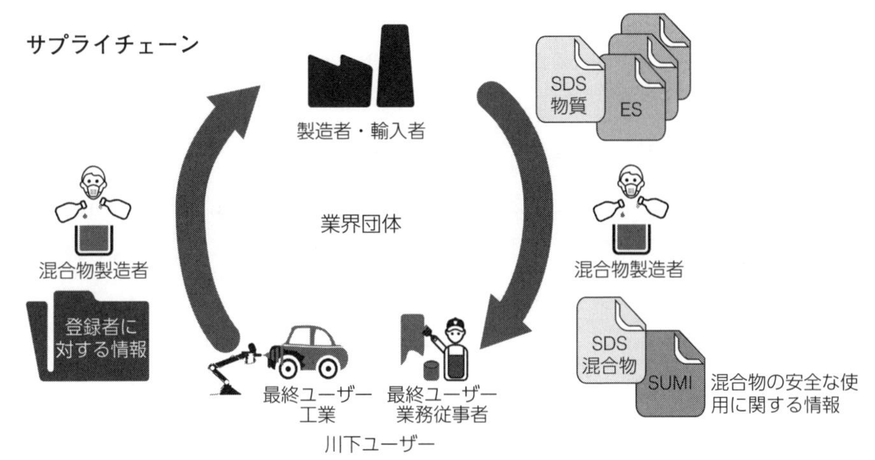

図 2.35　サプライチェーンでの情報伝達

> 第 31 条（安全データシートに対する要件）
>
> 1.　物質又は混合物の供給者は，次の場合，附属書 II に従って作成した安全データシートを物質又は混合物の受領者に提供しなければならない．
>
> (a)　物質又は混合物が規則（EC）No 1272/2008 に従って，危険・有害性の分類基準に該当する場合，又は
>
> (b)　物質が，附属書 XIII に定める基準に従って，難分解性，生物蓄積性及び毒性，又は極めて難分解性で高い生物蓄積性である場合，又は
>
> (c)　物質が (a)，(b) に言及された以外の理由で，第 59 条(1)に従って確立されたリストに含まれる場合

また，第 31 条(2)の規定により，混合物が CLP に従って危険・有害性に分類されなくても，次を含む場合には，受領者の求めに応じて，供給者は提供しなければならない．

① 個々の濃度が非ガス状混合物では1重量%以上，ガス状混合物では0.2容量%以上で，ヒトの健康又は環境に有害性を呈する少なくとも一つの物質，又は

② 個々の濃度が非ガス状混合物では0.1重量%以上で，C：Cat.2，R：Cat.1A，Cat.1B，Cat.2，授乳影響，皮膚感作性：Cat.1，呼吸器感作性：Cat.1又は附属書XIIIの基準に従ってPBT/vPvBである，又は認可候補物質リストに含まれている少なくとも一つの物質，又は

③ 欧州共同体の職業ばく露限界値（Occupational Exposure Limits：OEL）がある一つの物質

同じく第31条(7)において，「CSRを作成する必要のあるサプライチェーンのいかなる行為者も，特定された使用を含む，関連するESをSDSに付属させなければならない.」と規定されている.

以降，REACHにおけるサプライチェーンでの情報伝達において重要なツールであるSDSとCSRについて説明する.

2.6.1 安全データシート（SDS）

SDSは，化学品の使用者に，ヒトの健康及び環境の保護及び職場における安全の確保に必要な措置を取ることができるための情報を提供することが目的であり，化学物質を取り扱う労働者と安全の責任者の両方を対象としている. 附属書IIにおいてSDSの要件が設定されている.

附属書IIは，図2.36に示すようにこれまでに3回，最新では2020年6月20日に官報公示された2020年6月18日付の委員会規則（EU）2020/878[71]によって改正されている. この最新の附属書IIによるSDSの構成を表2.20に示す.

SDS作成の詳細な説明は，ここでは割愛するが，注意すべき点等を記載しておく.

SDSの要件はGHSに基づいているため，基本となるセクション（章）は日本のJIS Z 7253:2019と同様の16セクションであるが，JIS Z 7253:2019が

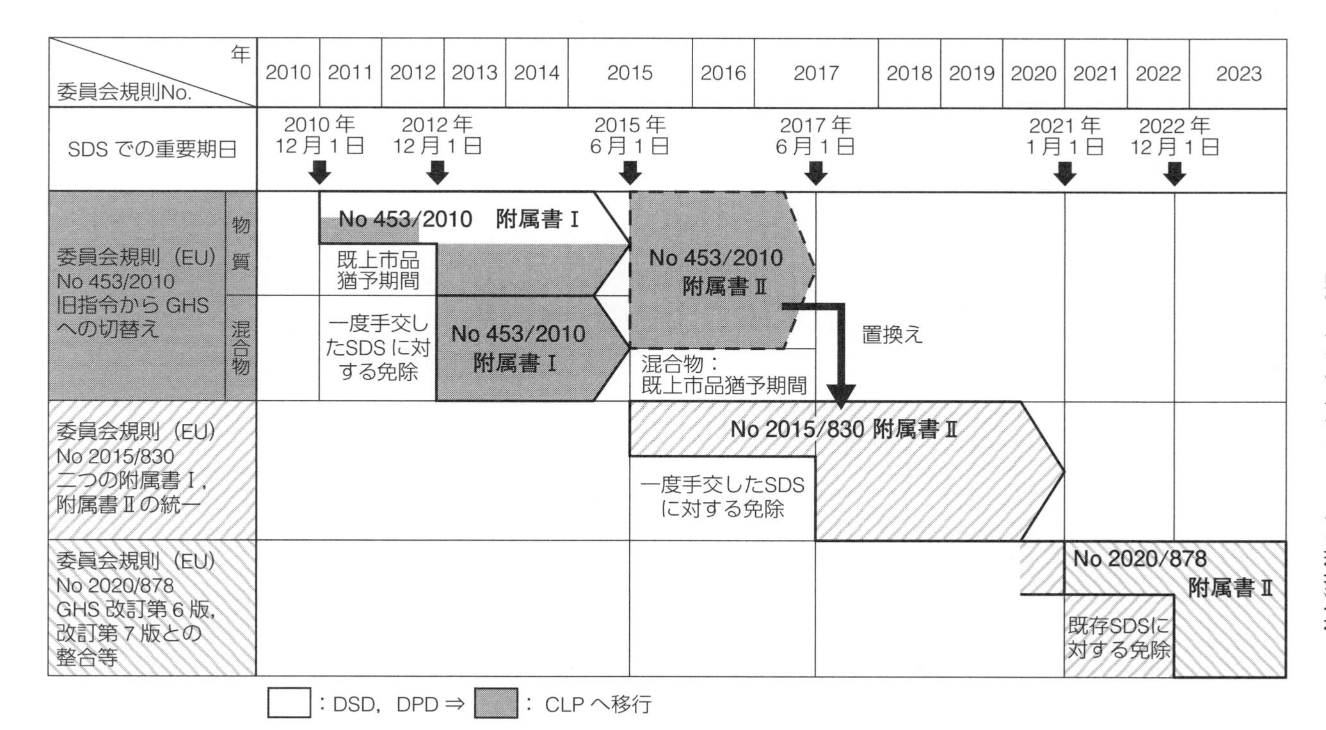

図 2.36　REACH 附属書 II（SDS の要件）の改正状況

表 2.20　SDSの構成

セクション 1：物質／混合物及び会社／事業の特定	
1.1.	製品の特定名
1.2.	物質又は混合物の関連する特定された使用及び推奨されない使用
1.3.	安全データシートの供給者の詳細情報
1.4.	緊急電話番号
セクション 2：危険・有害性の特定	
2.1.	物質又は混合物の分類
2.2.	ラベル要素
2.3.	その他の危険・有害性
セクション 3：成分の組成／情報	
3.1.	物質
3.2.	混合物
セクション 4：応急措置	
4.1.	応急措置の記述
4.2.	最も重要な急性と遅発性の症状と影響
4.3.	速やかな診断と必要とされる特別な治療の指示
セクション 5：消火措置	
5.1.	消火剤
5.2.	物質又は混合物から生じる特別の危険・有害性
5.3.	消防士に対するアドバイス
セクション 6：偶発的漏出への措置	
6.1.	人への予防措置，保護具及び緊急時の対応
6.2.	環境上に予防措置
6.3.	封じ込め及び清浄化のための方法と材料
6.4.	他のセクションの参照
セクション 7：取扱い及び保管	
7.1.	安全な取扱いのための予防措置
7.2.	混触危険性を含む，安全な保管条件
7.3.	具体的な最終使用
セクション 8：ばく露防止／個人用保護措置	
8.1.	管理パラメーター
8.2.	ばく露防止

表 2.20　（続き）

セクション 9：物理的及び化学的性質	
9.1.	基本的な物理的及び化学的性質に関する情報
9.2.	その他の情報
セクション 10：安定性及び反応性	
10.1.	反応性
10.2.	化学的安定性
10.3.	危険・有害な反応の可能性
10.4.	避けるべき条件
10.5.	混触禁止材料
10.6.	危険・有害な分解生成物
セクション 11：毒物学的情報	
11.1.	規則（EC）No 1272/2008 で定義される有害性クラスに関する情報
11.2.	その他の有害性に関する情報
セクション 12：生態学的情報	
12.1.	毒性
12.2.	難分解性及び分解性
12.3.	生物蓄積性
12.4.	土壌中の移動性
12.5.	PBT 及び vPvB 評価の結果
12.6.	内分泌かく乱特性
12.7.	その他の有害影響
セクション 13：廃棄上の注意	
13.1.	廃棄物の処理方法
セクション 14：輸送情報	
14.1.	国連番号又は ID 番号
14.2.	国連品名
14.3.	輸送時の危険性クラス
14.4.	容器等級
14.5.	環境有害性
14.6.	使用者のための特別予防措置
14.7.	IMO の方法によるばら積み海上輸送
セクション 15：規制情報	

表 2.20　（続き）

15.1.	物質又は混合物に特有の安全，健康及び環境に関する規則／法令
15.2.	化学品安全性評価
セクション 16：その他の情報	

GHS改訂第6版に基づいているのに対して，REACHの最新の附属書IIはGHS改訂第7版に基づいている．国や地域によって導入するGHSの版数が異なる場合があるので，導入されているGHSの改訂版の版数を確認する必要がある．

REACHの最新の附属書IIには，次に列記するようなEU特有の要件が取り込まれている．

・CLPのUFI関連：“1.1. 製品の特定名”において，該当する混合物については，CLPの附属書VIII（緊急健康対応）で規定された混合物の識別子であるUFI（Unique Formula Identifier）の記載が必要である．

・ナノフォーム関連：製品が，委員会規則（EU）2018/1881（2018年12月3日採択）で新たに定義されたナノフォーム物質を含有するのであれば，“1.1. 製品の特定名”に“nanoform”の用語を使用して，ナノフォーム物質の含有を表明し，セクション3及びセクション9において，その形状及び特性をそれぞれ記載しなければならない．

・ED（内分泌かく乱物質）関連：セクション3において，ED特性を有する物質を特定し，ヒトに対するED特性についてはセクション11に，環境生物に対するED特性については“12.6. 内分泌かく乱特性”に，それぞれその有害性を記載しなければならない．

・CSA（化学品安全性評価）関連：CSAの実施を“15.2. 化学品安全性評価”に記載するとともに，CSAの対象とした特定された使用は“1.2. 物質又は混合物の関連する特定された使用及び推奨されない使用”に記載し，CSAに用いた情報及び得られた結果に基づいて，セクション7～セクション9，セクション11～セクション13は記載しなければならない．例えば，セクション7（取扱い及び保管）には，CSAの対象とした特定された使用及び特定された使用に対してCSAから得られた安全な取扱いとしての推奨事項等を記載することになる．

・その他：EU全体の規制に加えて，EU加盟各国の規制や基準への言及が必要である．

ECHAは，SDSを作成する事業者を支援するために，ガイダンス“Guidance on the compilation of safety data sheets”[1]及びウェブサイト上でのビュー形式のガイド“Guide on safety data sheets and exposure scenarios”[72]を公開している．

EU向けのSDSを作成する際は，これらのガイダンスが大いに活用できる．

2.6.2 ばく露シナリオ（ES）

ESは，2.1.7項（56ページ参照）において述べたように，第3条 37)で定義されており，CSRを作成する必要があるサプライチェーン中の行為者は，次に示すように，SDSにESを付属させることが義務付けられている．

> 第31条（安全データシートに対する要件）
>
> 7. 第14条又は第37条に従って化学品安全性報告書を作成する必要のあるサプライチェーンのいかなる行為者も，特定された使用をカバーし，附属書XIのセクション3の適用から生じる特定の条件を含む，関連するばく露シナリオ（適切な場合，使用とばく露カテゴリーを含む．）を安全データシートに付属させなければならない．

ESを付属させたSDSは，eSDS（extended Safety Data Sheets：拡張安全データシート）と呼称される．年間10トン以上の量で登録した事業者は，登録に際して化学品安全性報告書を作成する必要があるため，必然的にeSDSを作成し，提供しなければならないことになる．

このeSDSは作成が難しく，ECHAは事業者支援のためにeSDS固有のウェブサイト[73]を開設している．

このウェブサイトにある，2.6.1 項でも紹介したビュー形式のガイド“Guide on safety data sheets and exposure scenarios”[72]の“Exposure Scenarios(ES) Introduction”において，ECHA は，ES の標準書式として，次の 4 セクションを推奨している．

ECHA が推奨する ES の標準書式	
セクション 1	表題（Title section）
セクション 2	ばく露に影響する使用の条件（Conditions of use affecting exposure）
セクション 3	ばく露推定（Exposure estimation）
セクション 4	川下ユーザーの使用が ES の境界内にあるかどうかを評価するための川下ユーザーへのガイダンス（Guidance to downstream users to evaluate if their use is within the boundaries of the exposure scenario）

ES の各セクションの概要を以下に紹介する．

セクション 1　表題

表題の例を簡単な注意事項を加えて図 2.37 に示す．表題には，通常次のものを含む．

- ES でカバーされる使用：簡潔な表題（ショートタイトル）として，ES の範囲を識別子を用いて簡単に記述する．

  ライフ・サイクル・ステージ［例：工場敷地（サイト）］での使用，業務使用者による広範な使用）及び市場情報（例：塗料での使用，電化製品の製造での使用）に関する情報は必ず提供するようにする．ほかに技術的なプロセス等の追加情報を含めてもよい．
- ES 内の CS（Contributing Scenario：寄与シナリオ）によってカバーされる適用可能な作業／活動のリスト：この情報には，CS の名称と割り当

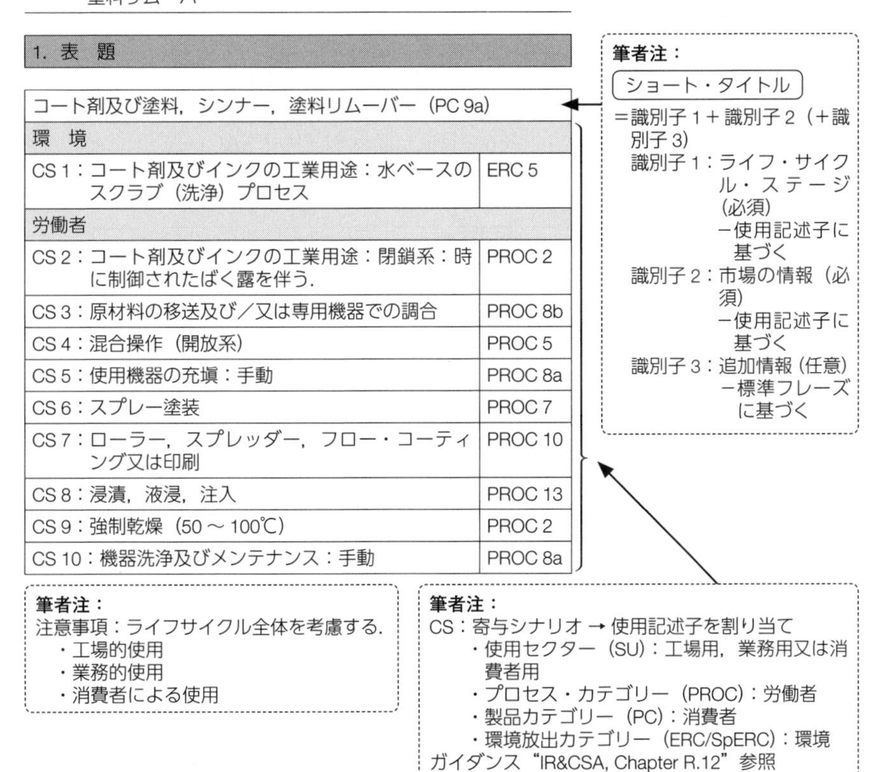

図 2.37　ES における表題[72]と注意事項

てられた使用記述子を含む．この名称は，使用記述子名を単に言い換えるだけではなく，必要に応じて，より具体的な情報を含めるようにする．

表題の情報として標準化された使用記述子［2.1.7 項（1）“ステップ 6”表 2.12（70 ページ参照）］が，例えば，表 2.21 のように使用されるため，これらに習熟する必要がある．

表 2.21　表題での使用記述子の記載例の構成

カテゴリー	使用記述子の記載例
ライフ・サイクル・ステージ	調合又は再梱包，工場敷地（サイト）での使用，業務使用者による広範な使用など
市場セクター	製品カテゴリー（PC），使用セクター（SU），あるいは成形品カテゴリー（AC）
アプリケーション又はプロセスタイプ	プロセス・カテゴリー（PROC）
環境への放出の種類	環境放出カテゴリー（ERC），あるいは特定の環境放出カテゴリー（Specific Environmental Release Classes：SpERC）

セクション2　ばく露に影響する使用の条件

セクション2がESの中核であり，CSごとに推奨されるOCとRMMを提示する(図2.38)．これらによって，安全であると評価された物質の“使用条件”が明確になる．

OCは物質の使用に関する情報一式で，それらによって，ESに関連する活動の型式が説明される．物質の使用される量，頻度，期間，プロセスの種類，使用される温度など，ばく露レベルに影響を与える各パラメーターを示すことになる．

RMMは，物質の使用中に物質へのヒト及び環境のばく露を低減又は回避する活動，あるいは装置を意味する．工場使用に適用されるRMMには，局所排気装置，個人用保護具，廃ガス焼却炉，若しくは事業場及び地方自治体での廃棄物（水）処理が含まれる．詳細は，ガイダンス“IR&CSAパートD”[15)]を参照されたい．

ESに複数の寄与シナリオが含まれる場合，セクション2には，各寄与シナリオに関連するOCとRMMをそれぞれ記述する．通常ESには，環境への放出に関連する少なくとも一つの寄与シナリオと，労働者又は消費者のばく露に関連する複数の寄与シナリオが含まれる．

ES 3：工場（サイト）での使用：コート剤及び塗料，シンナー，塗料リムーバー

2. ばく露に影響する使用の条件

CS 1：環境ばく露の管理：コート剤及びインクの工業用途：水ベースのスクラブ（洗浄）プロセス（ERC 5）
使用量，使用の頻度及び期間（又は耐用年数から）
作業場所当たりの 1 日の量 ≦ 0.02 トン／日
作業場所当たりの 1 年の量 ≦ 4.0 トン／年
技術的及び組織的な条件と措置
貯水槽のプロセス／洗浄水からスラッジを定期的に除去する.
均等化槽に必要事項：連続放出
廃水処理場に関連する条件と措置
地方自治体の下水処理による廃水からの推定物質除去量 22%
地方自治体の下水処理施設における仮定流量≧ 2 000 m^3/ 日
廃棄物（廃棄成形品を含む.）処理に関連する条件と措置
地域の規制に従って，廃棄物又は使用済み包装／容器を処分する.
環境ばく露に影響するその他の条件
受入れ表層水の流量 ≧ 18 000 m^3/ 日

筆者注：
○環境
・日々及び年間の使用量
・RMM
・RMM の有効性（DNEL 等との関連性）

○労働者
・製品特性（製品中の物質濃度等）
・局排条件
・物質の排出管理条件
・特有の RMM

○消費者
・製品特性（濃度，形態等）
・使用量
・室内，排気条件
・個人用保護具（PPE）

CS 2：労働者ばく露の管理：コート剤及びインクの工業用途：閉鎖系：時に制御されたばく露を伴う.（PROC 2）
製品（成形品）特性
製品の物質含有量を 5%に制限する.
使用量（又は成形品中の含有量），使用／ばく露の頻度と期間
毎日のばく露は 8 時間まで

図 2.38 ES におけるセクション 2 と注意事項[72)]

セクション 3 ばく露推定

ES のセクション 3 では，図 2.39（これまでの説明の流れから，同図中の CS 3 は CS 2 が，CS 4 は CS 3 がそれぞれ適切であると考えられる.）に示すように，次の情報を提示する．これらの情報は，通常 CS ごとに提供する.

・ES が適用された場合の推定ばく露レベル
・RCR：リスクが適切に管理され，使用が安全であることを示すためには，この値が 1 未満である必要がある.
・ばく露推定の開発に使用された方法論（例えば，適用されたモデリングソ

3. ばく露推定及びその情報源への参照

CS 1：環境ばく露の管理：コート剤及びインクの工業用途：水ベースのスクラブ（洗浄）プロセス（ERC 5）			
放出経路	放出速度	放出推定方法	
水　系	0.1 kg/日	SpERC に基づく Xxxx 5.1 − a.v1 コート剤及びインク（低揮発性物質）の工業用途一水が関与したプロセス（低揮発性，中程度の水溶性）	
大　気	0.2 kg/日	SpERC に基づく 同上	
土　壌	0 kg/日	SpERC に基づく 同上	
保護対象		ばく露推定（EUSES 2.1.2 に基づく）	RCR
淡水		0.004 mg/L	0.378
底質（淡水）		0.316 mg/kg dw[1]	0.377
海水		3.891E-4 mg/L	0.378
底質（海水）		0.032 mg/kg dw[1]	0.378
廃水処理施設		0.039 mg/L	0.026
農業土壌		0.025 mg/kg dw[1]	0.154
環境経由ヒト一吸入		3.109E-5 mg/m³	＜ 0.01
環境経由ヒト一経口		0.017 mg/kg bw[2]/day	＜ 0.01

CS 2：労働者ばく露：コート剤及びインクの工業用途：閉鎖系：時に制御されたばく露を伴う．（PROC 2）		
ばく露経路と影響の種類	ばく露推定	RCR
吸入，全身，長期間	2.5 mg/m³（TRA Worker v3）	0.101
経皮，全身，長期間	2.742 mg/kg bw[2]/day（TRA Worker v3）	0.039
複合経路，全身，長期間		0.14

CS 3：原材料の移送 及び／又は専用機器での調合（PROC 8b）		
ばく露経路と影響の種類	ばく露推定	RCR
吸入，全身，長期間	2.5 mg/m³（TRA Worker v3）	0.101
経皮，全身，長期間	2.742 mg/kg bw[2]/day（TRA Worker v3）	0.392
複合経路，全身，長期間		0.493

筆者注：

○ ECETOC TRA 等を活用して，推定ばく露量を算出
○ 引き続いて，リスク判定比 RCR（Risk Characterization Ratio）算出
○ SDS セクション 8 に記載の DNEL，PNEC データを活用

$$RCR = \frac{\text{ばく露量}}{DNEL} \quad \text{又は} \quad \frac{PEC^{3)}}{PNEC}$$

1) dw：dry weight（乾燥重量）
2) bw：body weight（体重）
3) PEC：Predicted Environmental Concentration（予測環境濃度）

図 2.39　ES におけるセクション 3 と注意事項[72)]

フトウェア，測定値）

ESのセクション3で提示されるばく露レベルは，物質の登録者によって推定され，CSRに記載された値と同じでなければならない．実際の測定データ（例えば，職場で実施された測定），あるいはばく露推定ソフトウェアを使用して求められたものである．

セクション4 川下ユーザーの使用がESの境界内にあるかどうかを評価するための川下ユーザーへのガイダンス

セクション4には，川下ユーザーの使用条件がES提供者のESと正確に合致しない場合に，川下ユーザーの使用がESでカバーされていることを検証する方法に関する川下ユーザーへのアドバイスが含まれる（図2.40）．

4. 川下ユーザーがESで設定された境界内で労働しているかどうかを評価するための川下ユーザーへのガイダンス

スケーリング方法―労働者
使用したばく露推定ツール：ECETOC TRA v3.
スケーリング可能なパラメータ 労働者
ばく露期間 最大濃度
スケーリング不可能なパラメータ
その他のパラメーター（スケーリング可能なパラメーターの欄に示されているパラメーターとは異なるもの）は，提供されたばく露シナリオから（変更なしで）採用しなければならない．
スケーリングの境界
超えてはならないRCRは，上述のセクション3に記載している．
スケーリングの説明
スケーリングの説明については，次のウェブサイトにアクセスする． http://companyX-reach/scaling/

筆者注：
スケーリング：自社及び川下ユーザーの使用条件が供給者のばく露シナリオとわずかに異なる場合，自社の使用条件下で（ヒト及び環境に対する）ばく露レベルが 供給者の記述する条件と同等又はそれ以下であることを判断する方法
⇒ SDSで通知されたばく露シナリオに記載されている条件は，最低限として，実施できていると結論付けられる．

図2.40 ESにおけるセクション4と注意事項[72)]

代表的な検証方法の一つは“スケーリング(scaling)”として知られるもので，川下ユーザーがスケーリングを実施できるように，供給者が提供する情報には，次のものが含まれる必要がある．

- スケーリング方法：数式，スケーリングツールを備えたウェブサイトへのリンク又は供給者が評価に使用したばく露推定ツールへの参照等があげられる．
- スケーラブルなパラメーター：スケーリングが可能な操作パラメーターを示す．
- スケーリングの境界：パラメーターがどの程度まで変更可能かを示す．スケーリングは，供給者がヒト及び環境へのばく露推定モデリングツールを使用した場合にのみ適用可能で，供給者が提供するスケーリングツールは，通常，供給者が評価に使用したばく露推定ツールに基づいた，簡便でユーザーフレンドリーなソフトウェアである場合が多い．

スケーリングの方法については，ECHA発行のガイダンス“Guidance for Downstream Users”[1)] 及びECETOC発行の“ECETOC TRA version 3: Background and Rationale for the Improvements”[74)] で解説されているので，参照されたい．

また，ESの具体例が，ECHAより数多く公開[75)] されているので，参照し，活用すると効率的である．

2.7 執行（enforcement）

執行は，REACHにおいてタイトルの一つ（第XIV編）を占有する，極めて重要な活動と位置付けられており，第125条（加盟国の職務）及び第126条（不遵守に対する刑罰）で規定されているように，加盟国の職務である．執行により，物質が登録されているか，あるいはSDSが正確に作成され，川下ユーザーに提供されているかなど，REACHの義務保有者のコンプライアンスが査察等により検証される．EUにおける執行関連体制を図2.41に示す．

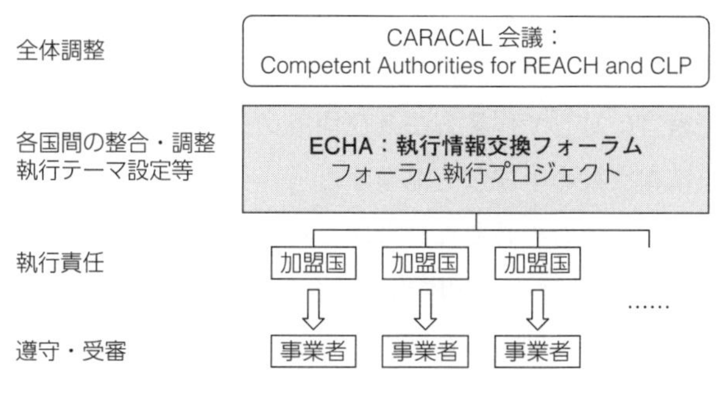

図 2.41 EU における執行関連体制

> 第 125 条（加盟国の職務）
> 加盟国は，公的な管理システム及びその他の状況に適した活動を維持しなければならない．
> 第 126 条（不遵守に対する刑罰）
> 加盟国は，本規則の規定の違反に適用される刑罰に関する規定を定め，それらが実施されることを確実にするために必要なすべての措置を講じなければならない．規定される刑罰は，有効で，均衡がとれており，かつ制止的なものでなければならない．加盟国は，これらの規定を 2008 年 12 月 1 日までに欧州委員会に通知し，それらに影響を及ぼすその後のいかなる修正も遅滞なく通知しなければならない．

REACH 及び CLP に関して調和された執行が EU 全体で実施されるように，ECHA 内に REACH の執行に責任がある加盟国当局のネットワークを調整する執行に関する情報交換フォーラム［Forum for exchange of information on enforcement，通称，フォーラム（Forum）］[76] が設立されている．

フォーラムは，次の職務を引き受けている．

・欧州共同体レベルでよい慣行を広げ，問題点を明らかにする．

・調和された執行プロジェクト及び共同査察を提案し，調整し，評価する．

・査察官の交代を調整する．
・執行戦略及び実施における最良の慣行を特定する．
・地域の査察官に対して作業方法及び使用ツールを開発する．
・電子的な情報交換の手続きを開発する．
・特に中小企業に特有の必要性を考慮した産業界や他の利害関係者との連携（必要に応じて，関連する国際機関を含む.）を図る．
・執行可能性に関する助言の意図から，制限の提案を審査する．

REACH及びCLPに関する執行の一環として行われる査察［以降，執行（査察）と表記する］は，フォーラムがどのような活動を計画し，また実施しているかによって把握することができる．EU全体に係る執行（査察）は，フォーラム執行プロジェクト（Forum enforcement projects）[77]として計画的に実施される．フォーラム執行プロジェクトの実施状況を表2.22に示す．

表2.22　フォーラム執行プロジェクト実施状況

<table>
<tr><th rowspan="2">年</th><th colspan="4">REACH-EN-FORCE　開催回　（対象）</th><th rowspan="2">パイロットプロジェクト</th></tr>
<tr><th>優先事項の決定</th><th>準　備</th><th>実施(査察)</th><th>報　告</th></tr>
<tr><td>2016</td><td>REF VI（CLP）</td><td>REF V（eSDS等）</td><td>REF IV（制限）</td><td>REF III（登録）</td><td>認可対象物質 第2回目</td></tr>
<tr><td rowspan="2">2017</td><td rowspan="2">REF VII（登録）</td><td rowspan="2">REF VI（CLP）</td><td rowspan="2">REF V（eSDS等）</td><td rowspan="2">REF IV（制限）</td><td>CLP(インターネット販売)</td></tr>
<tr><td>成形品中の物質</td></tr>
<tr><td rowspan="2">2018</td><td rowspan="2">REF VIII（オンライン販売）</td><td rowspan="2">REF VII（登録）</td><td rowspan="2">REF VI（CLP）</td><td rowspan="2">REF V（eSDS等）</td><td>PIC（ロッテルダム条約）関連</td></tr>
<tr><td>ポリマー中のモノマー</td></tr>
<tr><td>2019</td><td>REF IX（認可）</td><td>REF VIII（オンライン販売）</td><td>REF VII（登録）</td><td>REF VI（CLP）</td><td>EU輸入品（税関との協力で実施）</td></tr>
<tr><td>2020</td><td>REF X（消費者製品での有害物質）</td><td>REF IX（認可）</td><td>REF VIII（オンライン販売）</td><td>REF VII（登録）</td><td>認可対象物質 第3回目（対象：Cr^{6+}）</td></tr>
</table>

表 2.22　（続き）

年	REACH-EN-FORCE　開催回　（対象）				パイロットプロジェクト
	優先事項の決定	準　備	実施（査察）	報　告	
2021	未　定	REF X（消費者製品での有害物質）	REF IX（認可）	REF VIII（オンライン販売）	洗剤及び洗浄剤
2022			REF X（消費者製品での有害物質）	REF IX（認可）	

執行（査察）は，“REACH-EN-FORCE”と呼称される EU 全体で実施されるプロジェクトと比較的小規模で実施される“パイロットプロジェクト”の 2 種類に区分される．REACH-EN-FORCE では執行（査察）に係る一連の作業である“優先事項の決定 → 準備 → 実施 → 報告”がそれぞれ年単位で取り進められる．

EU 全体での執行（査察）は，少なくとも 2 年前にはテーマと対象が公表されることから，関連する事業者は執行（査察）を受審するかどうかは不明ながら，執行（査察）を受ける可能性があるとして準備を進めることが推奨される．

執行（査察）では，その不適合の程度に応じて，口頭あるいは文書での忠告から命令や罰金等の措置が課せられる．

また，REACH-EN-FORCE の実施報告書には，実際に確認された不適合の内容や査察に使用されたチェックリストが公開されているので，自社の化学品管理の現状確認や改善の参考にすることができる．

各企業は，EU 全体としてのフォーラム及び事業を行っている国の執行計画を事前に把握し，いつでも査察を受審できるように，化学品管理体制を整備しておくことが望まれる．化学品管理体制の整備については，4.7 節（193 ページ参照）において言及することにしたい．

2.8　レビュー（見直し）

REACHには，その規制内容や運用状況をレビューし，改善していく仕組みが組み込まれている．この仕組みには，第138条（レビュー）に規定された個別項目に対するレビューと第117条（報告）に規定された5年ごとに実施されるREACHの運用全般に対するレビューがある．ここでは，前者について取り上げ，第3章において後者について述べることにする．

第138条では，表2.23に示す項目について見直すこととなっている．ここでは，同表においてレビュー項目の番号に○を付した1, 2, 6, 7について，2.8.1項以降で順に解説する．

表2.23　第138条（レビュー）の主要な項目と期限

<table>
<tr><th colspan="3">レビュー項目とその概要</th><th>期　限</th></tr>
<tr><td rowspan="2">①</td><td colspan="2">CSAを実施し，CSRに文書化する義務の適用を，登録非対象又は年間10トン未満の量での登録対象である製造又は輸入される物質にま</td><td>2019年6月1日</td></tr>
<tr><td>で広げるかどうかを評価するための見直し</td><td>特に，CLPでCMR区分1A又は区分1Bの基準に該当する物質に対して</td><td>2014年6月1日</td></tr>
<tr><td>②</td><td colspan="2">ある種のタイプのポリマーを登録する必要性</td><td>登録のために，ポリマーを選択する実際的で費用効果のある方法が確立されれば，直ちに．</td></tr>
<tr><td>3</td><td colspan="2">製造者又は輸入者当たり，製造／輸入量が年間1トンから10トン未満の物質に対する登録要件</td><td>2012年6月1日を初回とし，以降5年ごと［第117条(4)の報告書に含める.］</td></tr>
<tr><td>4</td><td colspan="2">附属書I，附属書IV及び附属書V（CSA/CSRの内容，登録免除）</td><td>2008年6月1日</td></tr>
<tr><td>5</td><td colspan="2">附属書XIII（PBT/vPvBの判定基準）</td><td>2008年12月1日</td></tr>
<tr><td>⑥</td><td colspan="2">他の関連する共同体規定との重複を避けるために，本規則の範囲を改正するかどうかの評価</td><td>2012年6月1日</td></tr>
<tr><td>⑦</td><td colspan="2">認可の適用を規定する第60条(3)の範囲を，ED特性で第57条(f)に特定された物質にまで広げることを評価</td><td>2013年6月1日</td></tr>
</table>

表 2.23（続き）

レビュー項目とその概要		期　限
8	第 33 条（成形品中の物質に関する情報を伝達する義務）の対象範囲を他の危険・有害性の物質まで広げるかどうかを評価	2019 年 6 月 1 日
9	非動物試験の促進及び動物試験の代替，軽減，減少の目的に従って，附属書 VIII のセクション 8.7（生殖毒性）の試験要件	2019 年 6 月 1 日

2.8.1　CSA と CSR の義務を製造・輸入量年間 1 トンから 10 トン未満に拡大する見直し

CSA を実施し，それを CSR として文書化する義務は，REACH 制定時点では，製造・輸入量が年間 10 トン以上の物質に対して課せられているが，その義務の適用を年間 10 トン未満の製造・輸入量の物質，特に発がん性，CMR の区分 1A，区分 1B に適合する物質に対してまで拡大するかどうかレビューするものである．

このレビューでは，次を含むあらゆる関連する因子を考慮に入れなければならないとしている．

・CSR を作成する製造者及び輸入者に対する費用

・サプライチェーンでの行為者及び川下ユーザー間での費用分担

・ヒトの健康及び環境に対する便益

欧州委員会が，2020 年 10 月 14 日に公表した“Chemicals Strategy for Sustainability”[78] の中の“Staff Working Document on the review of a number of provisions under article 138 of REACH”にその検討結果の結論が記載されている．

製造・輸入量が年間 1 トンから 10 トン未満の CMR 物質に対して，製造者及び輸入者が CSR を作成して川下ユーザーに提供し，それに基づいて川下ユーザーが化学品管理措置を実施すれば，製造者及び輸入者が CSR を作成するために負担する試算費用は，関連する法令等が川下ユーザーを含めて当該物質を取り扱う事業者に要求する化学品管理措置にかかる費用の合計よりも小さく，またヒトの健康及び環境にもメリットが期待されることから，製造・輸入量が年間1トンから10トン未満のCMR物質に対してすべての製造者及び輸入者にCSA実施／CSR作成・提供の要件を導入することは正当性があると述べている.

これを実施するためには，第14条（化学品安全性報告書及びリスク軽減措置を適用し，推奨する義務）を修正する必要があり，今後の動向を注視する必要がある.

2.8.2　ポリマーの登録に関する見直し

ポリマーは，REACHでの登録対象外となっているが，第138条(2)では，特定のポリマーの登録に関してレビューすることが規定されている.

> 第138条（レビュー）
>
> 2.　欧州委員会は，健全な技術的かつ正当な科学的基準に基づき，登録のためにポリマーを選択する，実際的で費用効果のある方法が確立されれば直ちに，次に関する報告を発表した後，法案を提出することができる.
>
> (a)　他の物質との比較におけるポリマーが及ぼすリスク
>
> (b)　もしあれば，一方で競争力や技術革新を，他方でヒトの健康及び環境の保護を考慮して，ある種のポリマーを登録する必要性

欧州委員会の委託により，Wood&PFAがまとめた報告書（最終版：2020年6月公表）“REACHでの登録／評価に対してポリマーを特定及びグループ化するための基準の開発及びそれらの影響評価のための科学的及び技術的サポート (Scientific and technical support for the development of criteria to identify and group polymers for Registration/Evaluation under REACH and their impact assessment)”（“PRRs under REACH-Final Report Wood_red. pdf”）[79]では，EU市場には約200 000のポリマーが存在すると推定され，その中で登

録が必要なポリマー（Polymers Requiring Registration：PRR）が 33 000 ある可能性があり，これらの中には類似したポリマーが存在し，それらを一つのグループとしてまとめると，登録の対象となる“固有の（unique）ポリマー”は約 11 000 であるとシミュレーションされている．

EU 市場にあるポリマーがREACHでの登録という観点でどのように区分されるかが，報告書では図 2.42 のように示されている．PLC（Polymers of Low Concern：低懸念ポリマー）は登録が不要なもの，PLC とも PRR とも決めきれていないものが中央に位置し，PRR はその分子の質量［単位：Da（ダルトン）］から 3 区分して右端に示されている．

グレーの網掛けの区域のみが，登録が必要なポリマー（PRR）である．
タイプ 1：分子量＜1 000 Da—完全なデータセットが必要（通常の物質として）
タイプ 2：分子量＝1 000-10 000 Da—試験戦略（試験の削減）
タイプ 3：分子量＞10 000 Da—特有の構造的特徴，例えば，カチオン性又は反応性官能基を有する場合のみPRR
* PLCを特定するための基準は，すでに十分に受け入れられていると見なされる（例：EC 2015, OECD 2009）．

図 2.42　EU 市場にあるポリマーの区分

この報告書では，低分子量のポリマーほど登録データの要件が多くなるように提案されている．そして，REACH において，PRR として特定されたポリマーに対して登録要件を導入することには，推定での費用と便益の不確実性を考慮しても，メリットがあると示唆している．

この報告書を受けて，CARACAL 会議のサブグループとして，2020 年 6 月に CARACAL sub-group on polymers（CASG-Polymers）が設立された．

“CASG-Polymers”に期待される成果は，特に，次に示す規制及び政策の各課題について，欧州委員会にアドバイスを提供することである．

・ポリマーについての物質の特定と同一性
・ポリマーのグループ化アプローチ
・グループの形成における営業秘密情報（Confidential Business Information：CBI）の保護とデータの共有
・一方ではEUの競争力とイノベーションを，他方ではヒトの健康及び環境の保護を考慮に入れて，さらなる評価と潜在的なリスク管理の便益のために，どの種類のポリマーがREACHに登録する価値があるかの見極め
・REACHでの登録が必要なポリマーに対して，提案すべき情報要件の提示
・影響評価との関係で考慮されるオプションの提供

欧州委員会では，2021年から2022年にかけて，ポリマーのREACH登録に関する欧州委員会としての提案を最終決定するとしており，一連の動きから，ある種のポリマーはREACHの登録対象になると予想される．ポリマーにかかわる製造者及び輸入者はその動向を注視する必要がある．

2.8.3 REACHと他法令との関係

同一物質に対して，複数の法令で類似の規制を重複してかけることを避ける目的で，REACHと他法令との関係をレビューしなければならないと規定されている．

> 第138条（レビュー）
>
> 6. 欧州委員会は，他の関連する共同体規定と重複することを避けることを目的に，本規則の範囲を改正するかどうかを評価するために，2012年6月1日までに見直しを行わなければならない．欧州委員会は，この見直しに基づき，適切な場合，法規の案を提出することができる．

欧州委員会のウェブサイト“Relationship with other legislation”[80]において，REACH，RoHS（Restriction and use of certain Hazardous Substances in electrical and electronic equipment：廃棄物，電気・電子機器中の有害廃

棄物）及び POP（Persistent Organic Pollutants：残留性有機汚染物質）に関する各法律との関係が整理されている．

ここでは，REACH と RoHS との関係を取り上げることにする（図 2.43）．先に記したウェブサイト[80]に掲載されている“REACH AND DIRECTIVE 2011/65/EU（RoHS）A COMMON UNDERSTANDING”では，RoHS における制限，並びに REACH での認可及び制限の関係が詳述されている．その前提は，電気・電子機器に関する製品固有の法律として「電気・電子機器での物質の使用に伴うリスクに対処する際には，RoHS を優先すべきである．」と示されている．

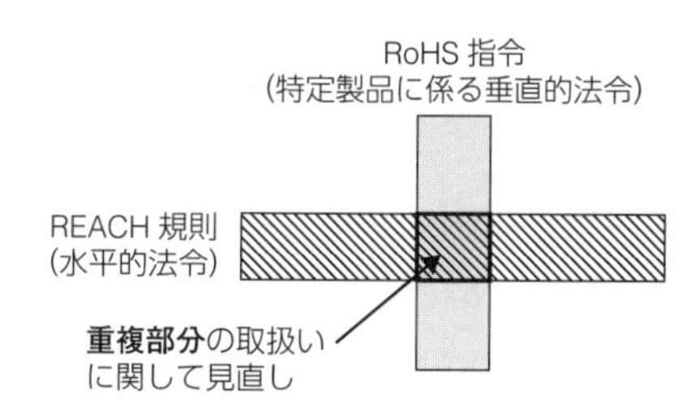

図 2.43　REACH と RoHS との関係

2.8.4　内分泌かく乱物質（ED）に関する見直し

内分泌かく乱物質（Endocrine Disruptors：ED）については WHO/IPCS（World Health Organization/International Programme on Chemical Safety：世界保健機構／国際化学物質安全性計画）が 2002 年に提唱した定義,「内分泌かく乱物質とは，内分泌系の機能を改変し，それによって健全な生物体又はその子孫又は（下位）個体の健康に悪影響を及ぼす外因性物質又はその混合物である．潜在的内分泌かく乱物質とは，健全な生物体又はその子孫又は（下位）個体において内分泌かく乱を引き起こすと予想される性質をもつ外因性物質又はその混合物である．」[81]（日本語訳は著者による．）が EU をはじめとして，世界的に広く受け入れられている．

第57条（附属書XIVに収載されるべき物質）

以下の物質は，第58条に定める手続きに従って，附属書XIVに含まれうる．

(f) 内分泌かく乱性を有するか，又は難分解性，生物蓄積性及び毒性を有するか，又は極めて難分解性で高い生物蓄積性を有するような物質であって，(d)又は(e)の基準を満たさないが，(a)から(e)に列記した他の物質と同等レベルの懸念を生じさせるような，ヒト又は環境に対する深刻な影響をもたらすおそれがあるとの科学的証拠があり，かつ第59条に定める手続きに従ってケース・バイ・ケースで特定される物質

第138条（レビュー）

7. 欧州委員会は，2013年6月1日までに，第60条(3)の範囲を内分泌かく乱性をもつとして第57条(f)に特定された物質にまで広げるかどうかを，最新の科学的知識の進歩を考慮に入れて評価するために見直しを行わなければならない．欧州委員会は，適切な場合，この見直しに基づき，法規の案を提出することができる．

EDは，REACH第57条(f)によってケース・バイ・ケースでSVHCに指定される物質である．しかしながら，REACHにはEDを特定する固有の判断基準は設定されておらず，WHO/IPCSの定義に基づき，必要に応じてECHA内に設置された内分泌かく乱物質専門家グループ（Endocrine Disruptor Expert Group）[82] の意見を受けて，EDが指定されている．

ECHAは，内分泌かく乱物質評価リスト（Endocrine disruptor assessment list）[83] を作成して，REACH又は殺生物性製品規則（biocidal products regulation）下でED特性の評価を実施している物質，あるいはECHAのED専門家グループでの協議に持ち込まれた物質を公開している．

これらの物質は，ED特性が疑われる物質であり，評価結果によってはEDとして認定され，将来SVHCに指定される可能性を有しており，事業者は，

自社の取り扱っている物質がこのリストに掲載されていないかどうか確認することが望まれる.

認可対象物質に指定されれば，認可を受けない限り，EU ではその物質を製造及び使用することはできない．認可取得には，図 2.29（113 ページ）に示すように"① 適切なリスク管理のルート"と"② 社会経済的便益のルート"の 2 ルートがある.

第 138 条（レビュー）(7) では，認可対象物質となった ED に対する認可の付与において，"① 適切なリスク管理のルート"を採用できるか，すなわち，ED 特性に閾値があるかどうかをレビューすることが求められている.

欧州委員会は，2016 年 12 月に公表した"REPORT FROM THE COMMISSION TO THE EUROPEAN PARLIAMENT, THE COUNCIL AND THE EUROPEAN ECONOMIC AND SOCIAL COMMITTEE in accordance with Article 138(7) of REACH to review if the scope of Article 60(3) should be extended to substances identified under Article 57(f) as having endocrine disrupting properties with an equivalent level of concern to other substances listed as substances of very high concern"[84) において，表 2.24 に示すように，ED 特性には基本的には閾値は存在せず, REACH での認可付与に際しては"① 適切なリスク管理のルート（ルート a)"は採用できず，"② 社会経済的便益ルート（ルート b)"のみを採用することを表明した（図 2.44).

ED 特性による認可対象物質に対する認可取得の条件が，より狭められたことを意味している.

表2.24　内分泌かく乱（ED）特性の閾値の有無に対する欧州委員会の考え

オプション	検討前提	欧州委員会の考え
1	すべてのEDには，閾値は存在しない.	×
2	閾値の存在を示せない限り，EDには閾値は存在しない.	○
3	閾値が存在しないことを示せる場合を除き，EDに閾値は存在する.	基本的に，オプション2に同じ（ケース・バイ・ケースの評価が必要）
4	すべてのEDに閾値が存在する.	×

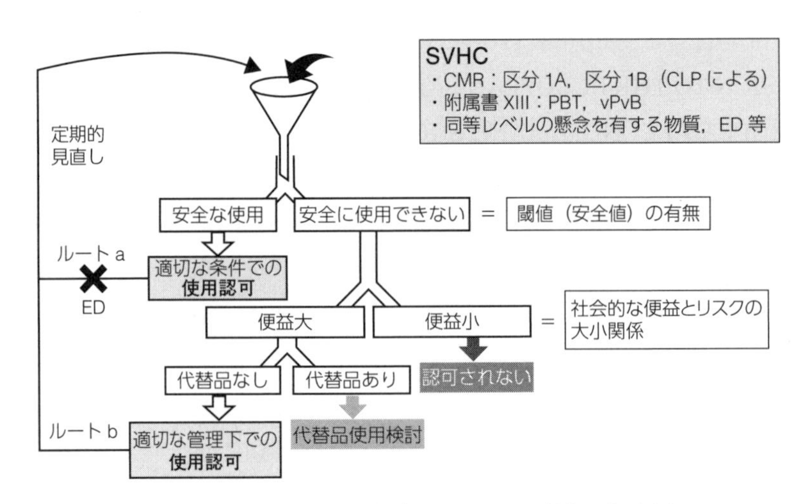

図2.44　内分泌かく乱物質に対する認可付与の概念図

引用・参考資料

2.1 節

1）https://echa.europa.eu/guidance-documents/guidance-on-reach

2）https://eur-lex.europa.eu/eli/reg_impl/2019/1692/oj

3）https://echa.europa.eu/support/guidance-on-reach-and-clp-implementation/guidance-in-a-nutshell

4）https://echa.europa.eu/reach-2018/know-your-portfolio

5）https://echa.europa.eu/-/guidance-for-identification-and-naming-of-substances-under-reach-and-clp

6）https://echa.europa.eu/support/qas-support/browse

7）https://echa.europa.eu/support/substance-identification/what-is-a-substance

8）https://echa.europa.eu/-/guidance-on-requirements-for-substances-in-articles

9）https://echa.europa.eu/support/getting-started/finding-help

10）https://echa.europa.eu/regulations/reach/registration/data-sharing/inquiry

11）https://echa.europa.eu/guidance-documents/guidance-on-information-requirements-and-chemical-safety-assessment

12）https://www.meti.go.jp/policy/chemical_management/int/ghs_tool_01GHSmanual.html

13）H. J. KLIMISCH, M. ANDREAE, AND U. TILLMANN "A Systematic Approach for Evaluating the Quality of Experimental Toxicological and Ecotoxicological Data" REGULATORY TOXICOLOGY AND PHARMACOLOGY 25, 1-5 (1997) ARTICLE NO. RT961076

14）https://echa.europa.eu/-/webinar-on-chemical-safety-assessment-and-ches-1

15）https://echa.europa.eu/guidance-documents/guidance-on-information-requirements-and-chemical-safety-assessment

16）http://chemical-net.env.go.jp/regu_eu.html

17）https://echa.europa.eu/csr-es-roadmap/use-maps/use-maps-library

18）https://echa.europa.eu/support/guidance-on-reach-and-clp-implementation/formats

19）https://www.ecetoc.org/tools/targeted-risk-assessment-tra/

20）https://anzeninfo.mhlw.go.jp/user/anzen/kag/ankgc07.htm#h2_2

21）https://echa.europa.eu/support/dossier-submission-tools/euses

22）https://echa.europa.eu/support/practical-examples-of-chemical-safety-reports

23) https://eur-lex.europa.eu/eli/reg_impl/2016/9/oj
24) https://iuclid6.echa.europa.eu/en/home
25) https://eur-lex.europa.eu/eli/reg_impl/2015/864/oj
26) https://eur-lex.europa.eu/eli/reco/2003/361/oj
27) https://www.echa.europa.eu/support/small-and-medium-sized-enterprises-smes
28) https://echa.europa.eu/-/completeness-check-preparing-a-registration-dossier-that-can-be-successfully-submitted-to-echa
29) https://www.lebon.ro/wp-content/uploads/2014/02/cefic-reach-industry-preparation-letter-no-91.pdf
30) https://echa.europa.eu/registration-dossier/-/registered-dossier/15538/1/2
31) https://echa.europa.eu/-/study-finds-companies-lack-incentives-for-updating-their-reach-registrations
32) https://eur-lex.europa.eu/eli/reg_impl/2020/1435/oj
2.2節
33) https://echa.europa.eu/regulations/reach/evaluation
34) https://echa.europa.eu/regulations/reach/evaluation/evaluation-procedure
35) https://echa.europa.eu/dossier-evaluation-decisions
36) https://echa.europa.eu/substance-evaluation-decisions
37) https://echa.europa.eu/regulations/reach/evaluation/examination-of-testing-proposals
38) https://echa.europa.eu/regulations/reach/evaluation/compliance-checks
39) https://eur-lex.europa.eu/eli/reg/2020/507/oj
40) https://echa.europa.eu/support/qas-support/browse
41) https://echa.europa.eu/overall-progress-in-evaluation
42) https://echa.europa.eu/information-on-chemicals/dossier-evaluation-status
43) https://echa.europa.eu/regulations/reach/evaluation/substance-evaluation/community-rolling-action-plan
2.3節
44) https://echa.europa.eu/substances-of-very-high-concern-identification-explained
45) https://echa.europa.eu/authorisation-process
46) https://echa.europa.eu/consultations-in-the-authorisation-process
47) https://echa.europa.eu/candidate-list-table
48) https://eur-lex.europa.eu/eli/dir/2018/851/oj
49) https://echa.europa.eu/scip
50) https://echa.europa.eu/authorisation-list

51）https://echa.europa.eu/applying-for-authorisation/develop-an-application-strategy
52）https://echa.europa.eu/applying-for-authorisation
53）https://echa.europa.eu/-/ninth-stakeholder-s-day
2.4 節
54）https://echa.europa.eu/regulations/reach/restriction
55）http://chemical-net.env.go.jp/pdf/20140124_seminar1_jpn.pdf
56）https://echa.europa.eu/restriction-process
2.5 節
57）https://echa.europa.eu/svhc-roadmap-to-2020-implementation
58）https://echa.europa.eu/irs-infographic
59）https://echa.europa.eu/understanding-assessment-regulatory-needs
60）https://echa.europa.eu/assessment-regulatory-needs
61）https://echa.europa.eu/understanding-pact
62）https://echa.europa.eu/pact
63）https://eur-lex.europa.eu/legal-content/EN/TXT/?uri=CELEX:32011H0696
64）https://eur-lex.europa.eu/legal-content/EN/TXT/?uri=CELEX:52012DC0572
65）https://ec.europa.eu/commission/presscorner/detail/en/IP_12_1050
66）https://echa.europa.eu/regulations/biocidal-products-regulation/legislation
67）https://euon.echa.europa.eu
68）https://eur-lex.europa.eu/eli/reg/2018/1881/oj
69）https://echa.europa.eu/regulations/nanomaterials
2.6 節
70）https://echa.europa.eu/regulations/reach/downstream-users/presentations-for-downstream-users
71）https://eur-lex.europa.eu/eli/reg/2020/878/oj
72）https://echa.europa.eu/safety-data-sheets-and-exposure-scenarios-guide
73）https://echa.europa.eu/safety-data-sheets
74）https://www.ecetoc.org/wp-content/uploads/2014/08/ECETOC-TR-114-ECETOC-TRA-v3-Background-rationale-for-the-improvements.pdf
75）https://echa.europa.eu/support/practical-examples-of-exposure-scenarios
2.7 節
76）https://echa.europa.eu/about-us/who-we-are/enforcement-forum
77）https://echa.europa.eu/about-us/who-we-are/enforcement-forum/forum-enforcement-projects

2.8 節

78）https://ec.europa.eu/environment/strategy/chemicals-strategy_en
79）https://circabc.europa.eu/ui/group/a0b483a2-4c05-4058-addf-2a4de71b9a98/library/4acda744-777f-473e-b084-76e125430565/details
80）https://ec.europa.eu/growth/sectors/chemicals/reach/special-cases_en
81）https://apps.who.int/iris/handle/10665/67357
82）https://echa.europa.eu/endocrine-disruptor-expert-group
83）https://echa.europa.eu/ed-assessment
84）https://eur-lex.europa.eu/legal-content/EN/TXT/PDF/?uri=CELEX:52016DC0814&from=EN

第3章　第2回REACHレビューとこれからのREACH

REACHの第117条（報告）には，5年ごとにその運用状況を評価し，公表することが規定されている．評価時点でのREACHの運用における問題点や課題が摘出され，改善に向けて今後の取り組むべき事項が示される．第1回の一般報告書“Review of REACH”は，2013年2月5日に公表された[1]．

第2回REACHレビュー[2]は，REACH登録の最終期限（2018年）とほぼ同じタイミングで，施行から約10年が経過し，REACHが定着したと考えられる時期に実施されたことから，今後のREACHの改正も念頭に置いた，多くの重要な取り組むべき事項が提示されている．特に，事業者に影響が大きいと考えられる事項を取り上げて紹介したい．

第117条［報告（Reporting)］

1. 5年ごとに，加盟国は，第127条［報告書（Report)］*に記載されているように，評価及び執行に関する項目を含む，それぞれの領域内での本規則の運用に関する報告書を欧州委員会に提出しなければならない．最初の報告書は，2010年6月1日までに提出されるものとする．
2. （省略）
3. （省略）
4. 5年ごとに，欧州委員会は，次に関する一般報告書を公表しなければならない．

(a) 第1項，第2項及び第3項に言及する情報を含め，本規則の運用で得られた経験，及び

* “［報告書（Report)］”は筆者による追記

(b) 代替試験法の開発及び評価に対して，欧州委員会によって利用可能となる資金の量及び配分

最初の報告書は，2012年6月1日までに公表されるものとする.

3.1　第2回 REACH レビューの概要

第2回 REACH レビュー報告書は“COMMUNICATION FROM THE COMMISSION TO THE EUROPEAN PARLIAMENT, THE COUNCIL AND THE EUROPEAN ECONOMIC AND SOCIAL COMMITTEE Commission General Report on the operation of REACH and review of certain elements Conclusions and Actions”（以下，“本文”という）とそれを補足する七つの COMMISSION STAFF WORKING DOCUMENT から構成されている.

第2回 REACH レビューに関しては次の資料で詳述されている. バックナンバーもあるので，参考にされたい.

・松岡昌太郎 (2019)：特集1“2018年6月1日以降の REACH 規則”，月刊化学物質管理，2019年3月号，株式会社情報機構[3)]

・徳重諭 (2020)：特集1“これからの REACH 規則と企業の対応”，月刊化学物質管理，2020年7月号，株式会社情報機構[4)]

“本文”は次のような構成となっている.

1. はじめに
2. 評価の結果
   2.1. REACH 目標の達成
   2.2. 産業界の責任
   2.3. 加盟国及び欧州委員会による行動
   2.4. ECHA

2.5. 簡素化と負担軽減についての可能性
3. アクション
3.1. サプライチェーン全体にわたる化学品の知識及び管理
3.2. 強化されたリスク管理
3.3. 一貫性，執行及び中小企業
3.4. ECHAの手数料と将来
3.5. さらなる評価の必要性
4. 結論

REACHは施行から約10年が経過し，完全に機能し，目的の達成に向けて成果を上げていると肯定的に記載されている．

“汚染者負担原則（polluter pays principle）”に則して，化学物質からのリスクを管理する責任を産業界に移し，製造，使用又は市販される物質に関する安全情報を提供する義務が課せられ，この10年間，EUでの化学品の製造又は輸入事業者は安全な取扱いを可能にする化学物質の特性に関する情報を収集し，製造・輸入数量に応じて設定された期限までにECHAに提出する登録プロセスが進行してきた．

この間のREACH運用に係る行為者及び規則そのものがレビューされ，REACHの目的達成を妨げる多くの問題や重要な課題が特定された．特に，登録文書の不適合改善や認可プロセスに関する改善と簡素化等，緊急対応が必要な課題として4項目及び継続検討課題として5項目が摘出された．

具体的には，次の各項目である．

① 緊急対応が必要な課題

・登録文書の不適合の改善
・認可プロセスの簡素化
・EU域外事業者との競争の場のレベル
・REACHと他法令との一貫性確保［特に，労働安全衛生（Occupational Health and Safety：OHS）及び廃棄物規制］

②　継続検討課題

・低トン数物質に対する登録要件の見直し及び特定のポリマーの登録の必要性
・サプライチェーンでの情報伝達義務を果たすために川下ユーザーを支援するためのツール公開及び eSDS の周知と使用の改善
・文書評価及び物質評価の進捗促進
・制限プロセスの改善（制限タスクフォースの勧告に基づく）
・執行指標のさらなる開発 → 監視の確実化

REACH の改善に向けて，上述の問題や課題解決のために今後取り組むべき実施事項が 16 項目のアクションとして整理された（16 項目のアクションの具体的な内容は，次節の表 3.1 で紹介する）.

“本文”の記載内容は“COMMISSION STAFF WORKING DOCUMENT (PART 1/7)”において，より詳細に説明されている．その中で，REACH の最終登録期限が 2018 年に終了し，今後を展望して REACH の各プロセスの実行に対するタイムラインが図 3.1 のとおり示されている．REACH プロセスの

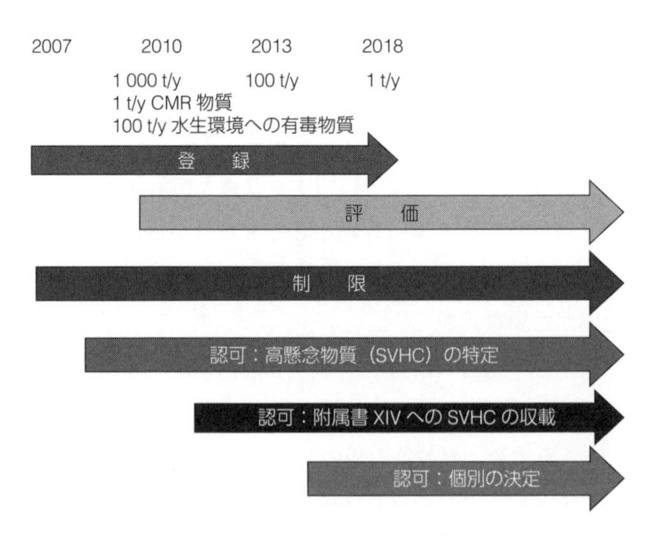

図 3.1　主要な REACH プロセスの実行タイムライン

第一歩である登録が完了し，評価以降の各プロセスが本格的に稼働していくことが見て取れる．

3.2　第2回 REACH レビューで提唱されたアクション

第2回 REACH レビューにおいて設定された16項目のアクション（表3.1）に基づき，EU では REACH の改善を目指して課題解決の取組みが活発に進められている．本書では，特に事業者に大きな影響があると考えられるアクションを取り上げ，その概要と現在までの進捗状況について具体的に紹介する．

表3.1　第2回 REACH レビューでの提唱アクション

1. サプライチェーン全体での化学品の知識と管理
アクション1：登録文書更新の促進 アクション2：評価手順の改善 アクション3：拡張安全データシート（eSDS）の作業性と品質の改善 アクション4：サプライチェーンにおける懸念物質の追跡
2. 強化されたリスク管理
アクション5：SVHC の代替促進 アクション6：認可プロセスの実行性を高めるための簡素化 アクション7：可能性のある規制措置に対する早期の社会経済性情報 アクション8：制限手順の改善 アクション9：制限手順における，さらなる加盟国の関与強化 アクション10：予防原則適用の枠組み アクション11：認可と制限の相互作用
3. 一貫性，執行及び中小企業
アクション12：REACH と労働安全衛生規制との境界 アクション13：執行の強化 アクション14：中小企業による遵守の支援
4. 手数料及び ECHA の将来
アクション15：手数料及び ECHA の将来
5. さらなる評価が必要な事項
アクション16：低トン数物質及びポリマーに対する登録要件の見直し

3.2.1　アクション 1：登録文書更新の促進

REACH プロセスの基礎をなすものは，各事業者が提出する登録文書である．しかしながら，2.1.14 項（92 ページ）でも述べたように，ECHA に 2008 年から 2016 年の間に提出された登録文書の約 3 分の 2 は更新されておらず，多くの文書に不適合がみられるのが実態のようである．

REACH 登録文書の不適合改善は EU における化学品管理の最優先事項として，欧州委員会と ECHA は 2019 年 6 月 24 日に“REACH Evaluation Joint Action Plan”[5]（以下，“共同計画書”という）を公表した．

この共同計画書には 15 項目の Action が示されている（表 3.2）．なお，こ

表 3.2　共同計画書（REACH Evaluation Joint Action Plan）に示された Action

Action 1	2019 年中期までに，欧州委員会は，適合性審査のために登録文書を選択する第 41 条(5)の最小目標 5% を 20% に引き上げる改正を提案する．
Action 2	2020 年末までに，ECHA は，100 トン / 年超で，次の条件に合致するすべての登録物質について結論を出す． i）規制リスク管理の優先順位が高い． ii）追加の規制措置に対して，現在，優先順位が低い．又は iii）判断するために追加データが必要 　iii）の物質は，さらなる適合性審査及び／又は物質評価の候補 　これらの結論は一般に公開され，関係するすべての利害関係者との明確な情報交換が伴う．
Action 3	2021 年末までに，ECHA は，より低トン数帯に登録された物質に対して，同様の結論を導き出すことを可能にするアプローチを開発する．
Action 4	ECHA は，登録期限 2018 年までに提出された各登録物質に対して，規制リスク管理の優先順位が高い，追加の規制措置の優先順位が低い，又は必要に応じて適合性審査下で情報を要求する物質であれば，トン数帯 100 トン / 年超のすべての登録は 2023 年までに，1 ～ 100 トン / 年の登録は 2027 年までに結論を出す．
Action 5	2019 年末までに，欧州委員会は REACH 附属書 VI ～附属書 X に規定された情報要件をより明確化する修正の必要性を評価し，必要に応じて提案する．
Action 6	2019 年末までに，ECHA の得た経験に基づいて，欧州委員会は，確実に標準情報要件への適応（adaptations）が適切に正当化されるように，附属書 XI の修正の必要性を評価し，必要に応じて提案する．
Action 7	2019 年末までに，欧州委員会は，REACH 評価の決定プロセスが効率的に実施されるようにする可能性のある施行規則の必要性を評価する．

表3.2 （続き）

Action 8	2019年末までに，ECHAは，適合性審査の決定の簡素化及び理由の記述を改善し，より明確で焦点を絞るようにする．
Action 9	2019年末までに，ECHAは，根本的な見解の相違を解決することを目的として加盟国と，同じく二者間ベースで，ワークショップを開催する．結果は，承認のためにECHA加盟国委員会に提示する．さらに，ECHAは，今後の適合性審査で発生する可能性がある，より一般的な問題に関する議論を，可能な限り，継続し，特定し，計画する．
Action 10	2019年末までに，ECHAはCARACALに対して，物質評価と適合性審査をより適切に統合する方法について洗練された提案を行う．
Action 11	2019年末までに，ECHAは，制限，SVHCの特定，認可又は調和分類プロセス中に関連する新情報を提出したが，そのような提出の前に，対応する登録文書の更新を行っていない企業に対して，REACH第22条に基づく更新義務があることを確実に通知するようにする． さらにそのような場合，ECHAは，必要に応じて，執行措置が講じられるように，責任ある加盟国に通知する．
Action 12	2019年末までに，ECHAは，文書評価の決定への違反に対処するために各加盟国で実施されている執行措置，及び各加盟国の執行当局が，ECHAの決定の不遵守に対し，物質の販売禁止を通して，どの程度取り組んでいるかの評価を報告書としてまとめる準備を行う．
Action 13	2020年末までに，欧州委員会は，2020年6月1日までに第127条で加盟国が提出した情報を含め，上記の執行措置の有効性を評価する．
Action 14	2020年中期までに，ECHAのフォーラムは，文書コンプライアンスの分野で各加盟国が行ったすべての執行措置の概要を含むECHA事務局への年次報告を分析するための書式を確立する．最初のそのような報告書は，2021年中期には利用可能にすべきである．ECHA事務局は，ECHAのフォーラムに対して，このような年次報告は恒久的であり，第127条に統合されることを提案する．
Action 15	2019年末までに，ECHAは主要な業界団体と作業協定を締結する． その作業協定は，透明性と包括性を有し，産業界が登録文書の積極的かつ継続的な改善に向けた行動計画を策定するとコミットすることを目指す．

こでは，上記の第2回REACHレビューでの提唱アクション（表3.1）と区別するために，共同計画書に示されたアクションを“Action”と表記して区別している．

共同計画書の各Actionが，EUでは精力的に展開されている．例えば，共同計画書のAction 15に沿って，ECHAは，共同計画書公表の翌日にCefic

(European Chemical Industry Council：欧州化学工業連盟）と REACH 登録文書の見直しと改善に関する協力協定を取り交わしている[6].

Cefic は，この協定の目的を達成するために，REACH 登録者が安全性データを段階的に見直すための枠組みを提示した複数年（2019 年～ 2026 年）にわたるアクションプランを策定した．このアクションプラン[7]（英文）は公開されており，Cefic の会員でなくとも入手可能であるので，登録者はこれを参考にして，自発的に REACH 登録文書を更新していくことが望まれる．

3.2.2　アクション 2：評価手順の改善

登録された物質は EU 域内市場において自由に流通することが許可されるため，登録者には，登録文書の情報が登録時点で正確であり，かつこの情報に変更があれば，遅滞なく更新されることを保証することが求められる．このことを確実にするため，評価プロセスで登録文書が審査される．

第 2 回 REACH レビューは，評価の実績として，文書評価は，2016 年年末までの試験提案審査総決定数が 748 件，適合性審査数が年間約 220 件であり，物質評価は，最終的に ECHA の決定がなされた総物質数が 82 件で，「当初の期待数には程遠い.」と進捗の遅緩を指摘している．

評価（文書評価及び物質評価）プロセスの管理上の課題は，スピードアップ “faster and better” であり，評価対象である登録文書についての課題は，登録文書の不適合の改善（アクション 1 と密接に関連）である．

登録文書に対して適合性審査は，第 41 条(5)で各トン数帯ごとに ECHA が受理した登録文書合計の 5%以上を選定するとされ，2018 年までは指定された物質の先導登録者の登録文書のみが審査されていた．しかし ECHA は，2018 年 9 月に指定物質のメンバー登録者全員の登録文書まで拡大すると表明し，2019 年 1 月より実行に移された[8].

また，共同計画書の Action 1 に従って，欧州委員会は，REACH 第 41 条(5)で規定する登録文書の適合性審査対象数（各トン数帯ごとに ECHA が受理した登録文書合計の 5%以上）を 20%に引き上げる委員会規則（EU）2020/507

を2020年4月8日に官報公示した.

ECHAは，この改正はすべての登録物質の約30%をチェックすることを意味するとしており，登録事業者には登録文書の適合性の再確認とタイムリーな更新を求めている.

評価プロセスは，図2.32（119ページ参照）に示すように，EUでの懸念物質管理の一工程を担っている．ECHAは，共同計画書のAction 2に関連して，懸念物質管理のスタートとなるスクリーニングに向けて，すべての登録物質を規制措置の要否で分類し，マップ化する“chemical universe”と称する作業を進めている[9].

ECHAは，2027年までにすべての登録物質に対して，chemical universe作業を完了させるという目標を立て，類似物質をグループ化（grouping）してまとめて評価するという手法を用いながら精力的に進めており，本作業は懸念物質管理の促進に寄与すると予想される.

3.2.3　アクション3：拡張安全データシート(eSDS)の作業性と品質の改善

REACHは，化学物質を，ライフ・サイクルを通してリスクに基づいて管理するためのツールとして，SDSにESを付属させたeSDSを開発し，普及を図っている（2.6.2項，133ページ参照).

しかし，第2回REACHレビューでは，eSDSに対して厳しい評価が与えられた．伝達情報が冗長で，過度に技術的又は十分に実用的情報を提供できていないとして作業性に問題があると指摘し，その要因として，多くの（特に中小）企業が「eSDSは厄介で，あまりに技術的なもの」と誤認していることをあげている.

eSDSの普及，並びにその作業性及び品質の改善は重要な課題として，ECHAは“REACHレビューアクション3”のウェブサイト[10]を立ち上げ，これまでに欧州委員会とともに2019年3月と同年9月の2回，ワークショップを開催している.

このワークショップを踏まえて，“REACHレビューアクション3”では，次の2点が強調されている．

- 産業界に対して：より使用者に焦点を当てた情報の提供，eSDS の作成・使用の簡素化，及び電子配付を容易にする，調和のとれた書式と IT ツールを開発し，使用することを奨励する．
- 欧州委員会に対して：物質及び混合物に対する ES の最小要件を SDS に含めることを検討するとともに，混合物に対する SDS の方法論を開発するよう ECHA に要請する．

今後，産業界の取組みとして，(e) SDS の作成及び使用を簡素化し，電子配付を容易にする各業界の製品に適合した書式と IT ツール（デジタル化）の開発及び使用が加速する．一方で，ES の強制的な記載要件が新たな規則として制定されることが予想される．

3.2.4　アクション4：サプライチェーンにおける懸念物質の追跡

化学物質管理とは，懸念物質の管理であると極言できるかもしれない．EU では SVHC をライフ・サイクルで管理するとの考えに基づいて，成形品中に含有される SVHC について，届出と情報伝達の義務を課している（2.3.1 項，105 ページ参照）．

成形品中の SVHC の含有率に関して，REACH 施行からしばらくは，含有率算出の分母となる成形品を製造又は輸入される成形品全体（whole article）とする "article as produced or imported" という考え方と，複合成形品において部品単位とする "once an article - always an article" という考え方の二つが並存する，いわゆる "0.1％閾値問題" が議論となっていたが，欧州司法裁判所（Court of Justice of the European Union）の判決 "Judgment in Case C-106/14"(2015 年 9 月 10 日)[11] により，この閾値問題は決着することになった．

第2回 REACH レビューは，成形品中の SVHC 含有率算出の分母に関する加盟国間の解釈の相違が解消されたことを評価し，SiA(Substances in Articles：成形品中の含有物質）に関連する執行活動に共通基盤が提供されたと称揚している．

しかし，SiAの安全な使用に関する登録文書の情報量と妥当性は依然限定的であるとの見解を示し，問題を提起している．さらには，循環経済（circular economy）に向けた取組みの一環として，成形品中のSVHCの良好な追跡が二次原材料の価値を高め，リサイクルを促進するとして，廃棄物事業者への使用済み成形品中の化学成分に関する情報の移転が必要であると結論付けている．

この結論の実現に向けて，廃棄物枠組み指令2008/98/ECを改正する指令（EU）2018/851が2018年6月14日に官報公示された[12]．

この改正指令の目的は，「循環経済への移行及びEUの長期競争力確保には極めて重要な，“廃棄物の発生とその悪影響を抑制又は削減し，資源利用の総体的影響を低減させ，資源利用の効率性を改善することにより，環境とヒトの健康を保護する”ための措置を設定する.」ことである．

この改正指令で，廃棄物に関連する新たな任務がECHAに付与された．実際には，図3.2に示すように「第33条（成形品中の物質に関する情報を伝達する義務）に従ってサプライチェーンで伝達される成形品中のSVHCに関す

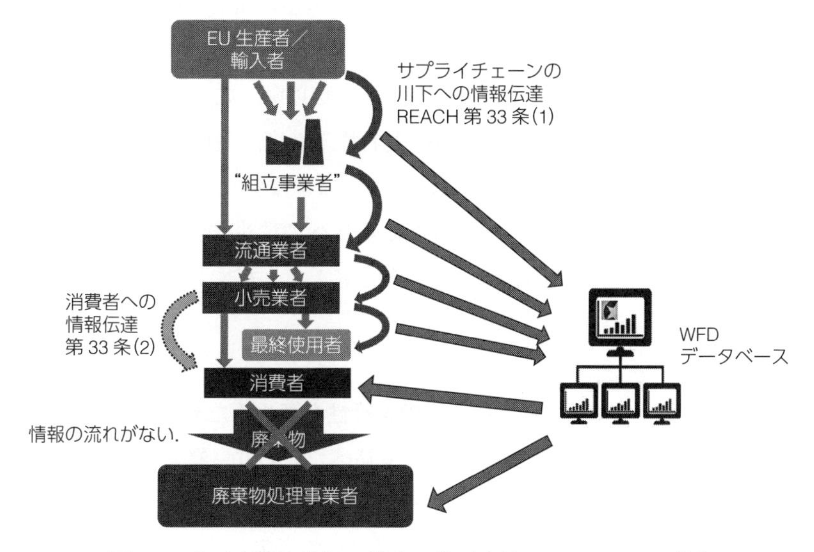

図3.2　改正廃棄物枠組み指令に基づく新データベースの構想
［出典：Workshop on Waste Framework Directive database[13]］

る情報を，成形品の供給者はECHAに提供し，ECHAは提供された情報をデータベース化して，これまでこれらの情報を入手できなかった廃棄物処理事業者や消費者に提供できるようにする.」という新たな構想に基づいている.

加盟国は2020年7月までに自国内での法制化を完了させ，ECHAは2020年1月5日までにREACHのSVHCを含有する成形品に関するDB（データベース）を確立し，維持することが求められることになった.

このDBは，SCIP［Substances of Concern In articles as such or in complex objects（Products）］-DBと命名され，ECHAではウェブサイト“SCIP”[14]が立ち上げられた.

このDBで特に注意すべきは，次の2点である.

・情報提供の義務は，化学品の製造者や輸入者ではなく，成形品の供給者(生産者，輸入者，組立者等）が負う.

・REACHにおける成形品中SVHCの届出（年間1トン超）とは異なり，トン数のトリガー（引き金）が存在しない.

ECHAのウェブサイト“SCIP”では，“Requirements for SCIP notifications”[15]として提出情報要件が公表されている.

該当する成形品の供給者は，2021年1月5日以降，成形品の名称及び固有の識別子，成形品中に含有するSVHCの名称，濃度，使用部位，並びに安全使用に関する情報等をECHAに届け出なければならない.

ECHAは成形品の供給者に対してSCIP-DBへの情報提供に関する手順を示しており，成形品の供給者は，これらを参考にして届出することが効率的と考えられる.

3.2.5　アクション6：認可プロセスの実行性を高めるための簡素化

認可プロセスは，2.3節（103ページ）で述べたとおり，懸念物質を管理する規制措置の一つであり，次の3段階から成り立っている.

①　第1段階：SVHCとしての認可候補物質の指定

②　第2段階：SVHCから認可対象物質（附属書XIV）の決定

③　第3段階：認可申請及び認可の付与

REACH によって新たに導入された規制措置である認可プロセスは，当局及び産業界にとってそのプロセスが構造的に過度に負担であることから，2014年から2015年にかけて，“task force on the workability of Applications for Authorisation（AfA task force）”が立ち上げられ，認可申請プロセスの合理化及び簡素化が検討されることになった［出典：16th CARACAL 会議資料 6-2 CA_81_2014 streamlining and simplifications of authorisation[16)]］.

第2回 REACH レビューによれば，認可候補物質には2013年からの5年間で36物質が追加され，2017年時点で合計174物質となったが，認可対象物質（附属書 XIV への収載）の指定数は（2017年6月までに）43物質に留まっており，当初の推定数よりも相当少ない状況でもあり，AfA task force の検討結果を踏まえて，認可プロセスには申請をより実行可能にするために，次の3項目を主体とする改善措置を導入する必要があると断じている.

・レガシー・スペアパーツ（最初の供給者が清算又は倒産が原因で商取引を止め，それゆえ法人としてもはや存在していないために現在流通していない予備品）中の SVHC を継続して使用するための申請を簡素化し，2018年には少量に対する申請のケースをさらに検討する.

・複数の事業者をカバーする認可の申請に関連する問題を注意深く監視し，対処する.

・2018年には ECHA の委員会の業務負荷をより適切に反映するために，(認可申請での）使用当たりの費用レベルとバランスを取りながら，共同認可申請における申請者の費用を削減する.

これらの方針を踏まえて，2021年6月1日に，「レガシー・スペアパーツの生産及びもはや生産されていない成形品及び複合製品の修理における，（認可対象）物質の使用に対する認可申請及びレビュー報告書に関する REACH の適用についてのルールを制定する，及び規則（EC）No 340/2008 を修正する2021年5月31日付の委員会施行規則（EU）2021/876」が官報公示された[17)].

なお，規則（EC）No 340/2008 は，REACH に関して ECHA に支払うべき“手数料及び料金（fees and charges）”を規定する規則である．

今後も，認可プロセスの合理化及び簡素化は進むと考えられ，その動向を注視していく必要がある．

3.2.6　アクション8：制限手順の改善

制限は，物質の製造，使用又は上市によってヒトの健康又は環境への許容できないリスクが存在し，EU全体をベースとして対処する必要がある場合に適用される（2.4節，114ページ参照）．

制限の実績として，欧州委員会は2011年から2016年の間に13物質群を附属書XVIIに収載している．第2回REACHレビューでは，REACH制定時には，1年当たり11物質群の附属書XVIIへの収載を見込んでおり，実績は明らかに少ないと述べている．

制限プロセスの効率性を改善するため，2014年に制限効率化タスクフォース（task force on restriction efficiency）が設置され，80数項目の改善提案が勧告されている．2020年12月に公表された“Recommendations of the Task Force on Restriction Efficiency”[18]には，「これらの多くはすでに完了し，加盟各国が提出する制限提案ドシエ（附属書XV）及びそれらに意見を提示するECHA内のRACとSEAC両委員会の作業には改善がみられ，制限プロセスの効率と有効性の向上に成果を発揮した．」と記載されている．

2021年6月に開催された第40回CARACAL会議において，欧州委員会は「これからの制限は，物質のグループ化及びより広範な使用（工場用，業務用，消費者用及び成形品中での使用）への対処の両方を通じて，より広く・より焦点を絞った・より計画的で・より調整された“制限”により，利用可能なすべてのリソースで許容できない化学物質リスクの削減を最大化することを目的とすべきである．」と表明している［出典：18-AP8.1-CA_34_2021-Restrictions_roadmap］[19]．

グループ化（grouping）は今後の化学品管理におけるキーワードである．複数の物質を類似の構造や機能でグループ化して，まとめて制限することが想定され，今後，制限物質の指定数が相当増加すると予想される．その動向には注意を払う必要がある．

3.2.7　アクション10：予防原則適用の枠組み

予防原則（precautionary principle）については，2000年に公表した“Communication from the Commission on the precautionary principle［2.2.2000 COM（2000）1 final］”[20]において，欧州委員会の考え方が次のように示されている．

「潜在的な危険・有害性が，環境やヒト，動物，植物の健康に影響を及ぼす可能性があるという懸念についての合理的な根拠があり，同時に入手可能なデータでは詳細なリスク評価が不可能な場合には，予防原則はいくつかの分野でのリスク管理戦略として政治的に受け入れられる．」

予防原則は，REACHの条文の中で1か所，第1条(3)のみに現れる．

> 第1条（目的及び範囲）
>
> 3. 本規則は，製造者，輸入者及び川下ユーザーが，ヒトの健康又は環境に悪影響を及ぼさないように物質を製造，上市又は使用することを確実にするとの原則に基づいている．
>
> この規定は，予防原則によって支持される．

予防原則は，化学物質のリスクからヒトの健康又は環境を保護するというREACHの目的を確保するための基盤であると謳っている．リスクを低減するための予防原則のメカニズムは，次の2段階でREACHに適用される可能性がある．

段階1　科学的ステップ：責任を有する科学的機関（ECHA）による評価

- 不確実性が通常より大きい場合，及び
- その不確実性の結果が重大で望ましくない影響を導く可能性ある場合

段階2　リスク管理ステップ：責任を有するリスク管理機関（欧州委員会及

び欧州委員会が制定する非立法行為を討議・採決するREACH委員会)

・どのアクションが必要かを決定する場合

第2回REACHレビューでは，REACHでの予防原則の適用について確認し，次のように整理している．

① 科学的ステップ：2ケース（ビスフェノール-S：ビスフェノール-Aの代替物，D4/D5：環状シロキサンの4量体と5量体）に適用実績あり

② リスク管理ステップ：上記①の2ケースでは，追加情報を生成する決定がなされ，予防原則の適用事例なし

予防原則は，今後，データ不足や非決定的，あるいは不正確な特質により，問題のリスクを十分確実に判定できないながら，潜在的なリスクの兆候がある場合に，ECHAによって適用される可能性があるとし，その際，ECHAは，欧州委員会に対して不確実性を明確にするためにどの情報が必要か，及びその情報を生成するためのスケジュールを明示し，適用しない場合の潜在的な評価の結果を提供する必要がある．

予防原則は，リスク評価を行うためのデータが不完全な際に，不確実性に対処するために必要な措置としてREACHに適用される可能性があると認識し，実際に適用される場合には，産業界としてもその妥当性について評価・確認し，意見を提示できるようにしておくが望まれる．

3.2.8　アクション12：REACHと労働安全衛生規制との境界

EUにおける労働安全衛生は，1996年に設立されたEU-OSHA（European Agency for Safety and Health at Work：欧州労働安全衛生庁）が管轄し[21]，1989年に採択された“労働安全衛生枠組み指令（89/391 EEC)”をはじめとして，保護具や機械，試薬等，対象別に多くの指令が制定され，EU加盟各国はこれらの指令を受けて国内法制化し，維持する体系となっている．

職場における化学物質へのばく露防止には“化学薬品指令 Chemical Agents Directive 98/24/EC (CAD)”及び“発がん性物質と変異原性物質指令 Carcinogens and Mutagens Directive 2004/37/EC（CMD）”に基づいて設定されるOEL（Occupational Exposure Limits：職業ばく露限界）が重要な役割を果たしている．

EUでは，表3.3に示すように，2種類のOELが存在する．

表3.3　指示職業ばく露限界（IOEL）及び拘束職業ばく露限界（BOEL）

OEL（職業ばく露限界）	概　要
IOEL（Indicative OEL：指示職業ばく露限界）	CADに従って設定される．この限界を設定するプロセスには，技術的実現可能性と社会経済的要因の評価は含まれない．IOELは，EUの目的として，雇用主がリスクを特定及び評価することを支援することが意図されており，CADを施行している委員会指令でのACSH（Advisory Committee on Safety and Health at work：労働安全衛生に関する三者諮問委員会）での協議後に確立される．EUレベルでIOELが設定されている化学薬品については，加盟国はこれを考慮して，対応する国内OELを設定しなければならない． IOELは，ばく露の閾値レベルを設定するもので，これを下回ると，一般に，有害影響は予想されない．
BOEL（Binding OEL：拘束職業ばく露限界）	CMDとCADに基づいて設定される．BOELを確立するプロセスには，科学的評価を必要とするが，職場で限界を適用することの技術的実現可能性と社会経済的要因の評価も含まれる．EUレベルでのBOELの設定は，実現可能性問題の評価及びEU理事会と欧州議会による欧州委員会の最終案（影響評価を含む）の採択など，“通常の立法手続（ACSHからの意見を含む）”に従う． BOELがEUレベルで確立されている化学薬品については，加盟国は対応する国内のBOELを確立しなければならない．これは，より厳しくすることができるが，EUの限界値を超えることはできない．

［出典：Appendix to Chapter R.8: Guidance for preparing a scientific report for health-based exposure limits at the workplace[22)]］

OELの設定に際しては，以前は，欧州委員会の要請を受けて，SCOEL（Scientific Committee on Occupational Exposure Limits：職業ばく露限界に関する科学委員会）によって，科学的意見，あるいは勧告案がまとめられ，欧州委員会に提出されていた．

REACHによって化学物質のリスク管理の分野に，DNELが導入され，OEL

とDNELの二つの閾値が存立することになり，労働現場での化学品管理，あるいは関連する執行において混乱を生じることになった．ECHAと欧州委員会の協議によりSCOELの専門性をECHAの委員会であるRACが引き継ぐ形で，2019年からはRACがOELに関する意見等を勧告することになった[23]．

OEL勧告案は，RACによって作成され，ECHAから公表・意見募集（60日間）されることになり，OEL設定に関する情報がより把握しやすくなっている（図3.3）[24]．

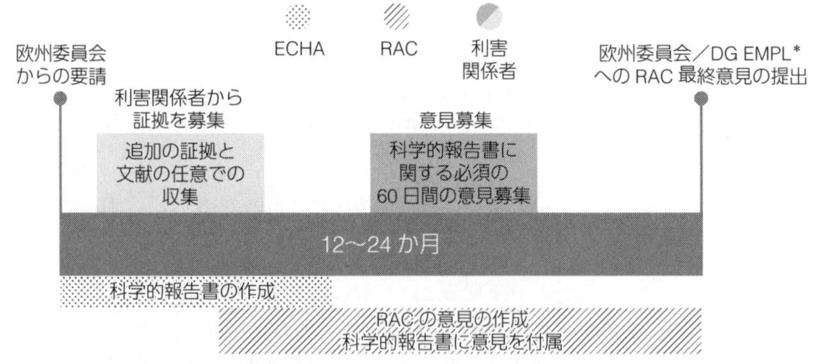

図3.3　ECHA RACによるOELに対する意見案作成プロセスの概要

OELは，REACH第31条(3)に規定されているとおり，設定された物質を含む混合物の供給者に対して受領者の求めに応じてSDSの提供を義務付ける条件の一つであり，OELの設定状況は注視しておく必要がある．

第2回REACHレビューでは，今後，次に取り組むとしている．

・労働安全衛生法令の有効性向上のために，REACHで開発されたツールを活用する（例：SDS，ES）．

・各国のREACHと労働安全衛生法令に関する執行機関の連携を改善する．

・職場での化学品への安全なばく露レベルを確立するための方法論を調整する（2019年第1四半期までに）．

・労働安全衛生諮問委員会の役割を尊重しつつ，労働安全衛生法令下において科学的意見を提供するために，社会的パートナーの関与も含め，ECHAとRACの役割を強化する．

労働安全衛生諸規制とREACHとは補完関係にあり，労働者保護の観点から両規制の境界における合理化がさらに図られていくことになる．

3.2.9　アクション13：執行の強化

執行は，第XIV編において加盟国の職務と位置付けており，執行に関する加盟国間の情報交換や調整，あるいはEU全体で実行する執行（査察）のテーマ選定等を目的として，ECHAにフォーラムが設立されている（2.7節，141ページ参照）．

第2回REACHレビューでは，フォーラムが機能し，査察を含む執行業務に関して良好であると評価するとともに，いくつかの改善点を指摘している．

一つには，執行による効果の可視化があげられている．そのために，EUではENFIND（ENForcement INDicators：執行指標）の開発が進められている．

ENFINDは，その構造概念図（図3.4）が示すように，EU，フォーラム，加

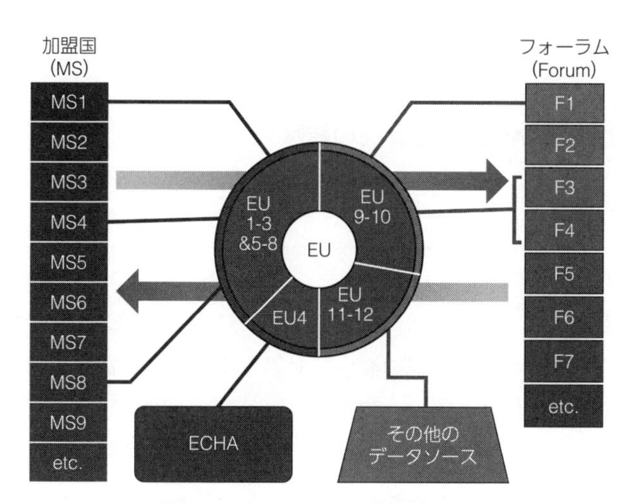

図3.4　ENFINDの構造概念図

［出典：欧州委員会発行 "Study on 'Development of enforcement indicators for REACH and CLP' -Final Report" [25]］

盟国の3レベルに区分し，それぞれに複数の基準（EU に対して EU1-EU12，フォーラムに対して F1-F7 等，及び加盟国に対して MS1-MS9 等）を設定して評価し，執行の効果を定量化するというものである．それによると，REACH に対するコンプライアンスの平均水準は，79％（2007年）から89％（2014年）に向上したと評価している．

一方で，輸入品管理やサプライチェーンでの情報伝達義務（例えば，SDS：52％不適合）については低レベル領域にあるとしている．これらの項目は，今後も繰り返し執行（査察）の対象になると考えられ，事業者は EU の輸入品に係る業務及び SDS の維持管理には特に注意を払うべきである．

3.2.10　アクション16：低トン数物質及びポリマーに対する登録要件の見直し

第2回 REACH レビューのアクション16は，低トン数帯及びポリマーの登録要件の見直しであり，第138条（レビュー）の (1) 及び (2) に相当するものである．2.8.1項（145ページ参照）及び2.8.2項（146ページ参照）で述べた事項となる．

3.3　第2回 REACH レビューの結論

このレビューの“本文”で示された結論を次に示す．

1. 結論

REACH の評価（本レビュー）は，全体的にみて，REACH が化学品の安全性についての今日の市民の懸念に対処していると結論付ける．

REACH は効果的であるが，報告書に概説されているアクションを実行することで達成される，さらなる改善，簡素化及び負担軽減の機会が特定されている．これらは，更新された EU 産業政策戦略，循環経済行動計画及び第7次環境行動プログラムに沿って実施されるべきである．

REACH は，化学品に関する他の EU 法と概ね整合性があり，意図したとおりに国際的な目標を達成している．

（REACH の）履行はまだすべての分野で進行中であり，最終登録期限などのいくつかの重要なマイルストーンは 2018 年 6 月までに完了する予定である．REACH の多くの費用が発生しており，メリットが具現化し始めている．

REACH の評価（本レビュー）は，法的要件と義務は追求するニーズと目的を達成するために十分に調整されていると結論付ける．このコミュニケーションにより，REACH をさらに改善する多くのアクションが特定されたが，現在，制定条件を変更する必要はない．

REACH は，制定の目的に沿って機能しているとの肯定的な評価である．今後も REACH の枠組みは維持されるが，いくつかの改善項目も実際にアクションとして掲示されており，これらによって REACH はダイナミックに改正されていくと予想される．その動向は注視しておく必要がある．

引用・参考資料

1）https://ec.europa.eu/environment/archives/review_2012_en.htm
2）https://ec.europa.eu/environment/chemicals/reach/review_2017_en.htm
3）松岡昌太郎（2019）：特集1“2018年6月1日以降のREACH規則”，月刊化学物質管理，第8号（vol.3），2019年3月号，株式会社情報機構
https://www.johokiko.co.jp/chemmaga/BM160800_1903_index.php
4）徳重諭（2020）：特集1“これからのREACH規則と企業の対応”，月刊化学物質管理，第12号（vol.4），2020年7月号，株式会社情報機構
https://www.johokiko.co.jp/chemmaga/BM160800_2007_index.php
5）https://ec.europa.eu/info/news/chemicals-european-commission-and-echa-scrutinise-all-reach-registrations-2027-2019-jun-25_en
6）https://cefic.org/policy-matters/chemical-safety/reach-dossier-improvement-action-plan/
7）https://cefic.org/app/uploads/2021/01/REACH-Registration-Dossiers-Action-Plan-Version-2-revised-26092020.pdf
8）https://echa.europa.eu/-/member-registrants-will-start-receiving-dossier-evaluation-decisions-in-2019
9）https://echa.europa.eu/universe-of-registered-substances
10）https://echa.europa.eu/it/reach-review-action-3
11）https://curia.europa.eu/jcms/upload/docs/application/pdf/2015-09/cp150100en.pdf
12）https://eur-lex.europa.eu/eli/dir/2018/851/oj
13）https://echa.europa.eu/-/workshop-on-waste-framework-directive-database-22-23-10-2018
14）https://echa.europa.eu/scip
15）https://echa.europa.eu/scip-suppliers-of-articles
16）https://ec.europa.eu/docsroom/documents/13545
17）https://eur-lex.europa.eu/eli/reg_impl/2021/876/oj
18）https://echa.europa.eu/documents/10162/13641/report_task_force_on_restriction_efficiency_en.pdf/68ba2a4f-5c93-4b55-a061-b69fd2795a21
19）https://circabc.europa.eu/ui/group/a0b483a2-4c05-4058-addf-2a4de71b9a98/library/94597b9c-0f1a-49e3-91fe-19b417529d50?p=5&n=10&sort=modified_DESC
20）https://op.europa.eu/en/publication-detail/-/publication/21676661-a79f-4153-b984-aeb28f07c80a/language-en/format-PDF

21）https://osha.europa.eu/en
22）https://echa.europa.eu/-/new-guidance-on-occupational-exposure-limi-1
23）https://echa.europa.eu/history-to-echa-starting-oel-work
24）https://www.echa.europa.eu/web/guest/oel-process
25）https://ec.europa.eu/docsroom/documents/10364?locale=en

第4章　事業者に望まれる対応

日本からEUに新たに化学製品を輸出する事業を開始する際に，事業者にはどのような対応が求められるか，これまでの経験をもとに述べていきたい．

EUに化学製品を輸出する事業には，REACHをはじめとする化学品を規制する法律のみならず，事業に係る多くの法律を遵守しなければならない．当然，事業を行うからには，収益が上がる，すなわちビジネスとして成り立つ事業であることが前提となる．これらを満足するためには，事業者には次のような準備及び実行が求められる．

1. REACH等の化学品規制対応のための社内体制の構築
2. REACH等の化学品規制及び事業に係る規制に関する知識習得
3. 自社製品の構成物質等の把握及びサプライチェーンの実態調査
4. REACH等の化学品規制に係る費用の見積もりと予算の確保
5. REACH登録等のアクションプログラムの作成とその進捗管理
6. REACH登録用文書の作成
7. REACH登録後の維持管理と査察対応

それでは，これらの項目について，少し詳しく述べていきたい．

4.1　REACH等の化学品規制対応のための社内体制の構築

ある製品をEUに輸出する事業の場合，その製品を所管する事業部が主体となるが，それだけではコンプライアンスは到底確保できない．まずREACH等の化学品規制を熟知する化学品管理部門が全面的に支援・指導する必要がある．しかし，化学品規制のみで法律が遵守されるわけではなく，例えば，REACHで求める同じ物質の登録者間での情報共有に際しては，競争法に抵触してはならない．

このように，化学品に係る法令以外の規制にも対応が求められ，法務部門の支援も必要となる．サプライチェーン，特に川上企業からの情報を求める場合には購買部門が窓口となる．

EU での REACH 登録・届出等は，すべて REACH-IT 等のシステムを通じて行われ，システム関連部門の支援も必要になる．また，登録に必要な危険・有害性情報やリスクアセスメントには専門的で高度な知識が必要で，調査関係部門等の支援も求められる．このように，全社で化学品規制対応の体制を構築することが望まれる．社内体制の参考図を図 4.1 に示す．

REACH 対応の体制構築における重要事項として，有能な OR の選定があげられる．日本企業にとっては，日本語で直接相談できる，日本に支社を有するコンサルタント会社等を OR に選定することが便利だと思われる．

OR は，2.1.3 項（47 ページ参照）にも記述したとおり，EU における代理人であるとともに，コンサルタントの機能を有するものであり，社内体制の中に明確に位置付けるべきである．

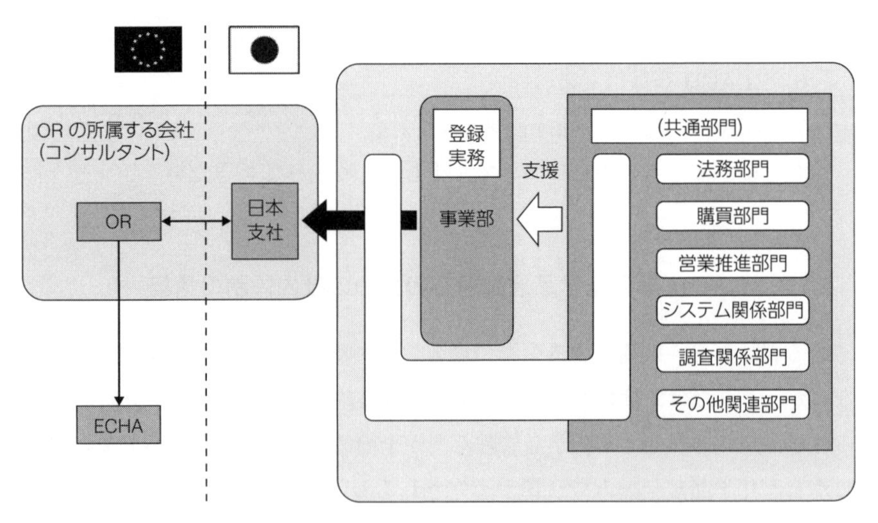

図 4.1　REACH 対応の社内体制の参考図

4.2　REACH 等の化学品規制及び事業に係る規制に関する知識習得

EU に化学品を輸出するに際して，コンプライアンスを遵守するためには，EU における化学品規制を理解しておく必要がある．

ECHA のウェブサイトでは法律，ガイダンス，Q&A 等，多くの規制関連情報が公開されており，それらを十分に活用してほしい．ただし，それらは EU 域内の公用語で記載されており，理解し難い場合もある．

一般社団法人日本化学物質安全・情報センター（JETOC）[1] からそれらの日本語訳資料が販売されているので，必要に応じて入手，利用することも考えられる．

環境省のウェブサイト“REACH 関連情報”[2] では，REACH 初版の“本文”と附属書の日本語訳資料等が公開されており，便利に活用できる．あくまで初版ということで，最新情報ではない場合もありうることは念頭に置いておく必要がある．

化学物質国際対応ネットワーク [3] からも EU における化学物質規制情報やこれまでに開催された関連するセミナーの資料が公開されている．

株式会社化学工業日報社では，REACH を含めて，欧州化学品規制に関するセミナーを定期的に開催しているので，それを受講することにより，知識の習得を図ることもできる．

それから OR の活用である．EU の法規制で疑問が生じた場合には，OR に確認することは疑問解消の重要な手段である．

コンプライアンス遵守という観点から，疑問を抱えた状態や規制内容が不明という状態で，EU に化学品を輸出する事業を行うことは避けるべきである．

4.3　自社製品の構成物質等の把握及びサプライチェーンの実態調査

EU において化学品を扱う事業を行うに際しては，まず表 4.1 に示すように，EU での事業に係る製品及びその製品を構成する物質に関する情報を一覧表等の形で網羅的に整理し，その全体像を把握することが望まれる．

表 4.1　EU での事業に係る製品及びその構成物質情報一覧

項　目		要　点
製品関連	製品分類	化学品（物質又は混合物）か，成形品*
	製品番号	
	製品名	
	品名略号	
	EU 輸出量（トン／年）	
	EU 輸入者 （第一義の登録義務者）	
	EU への間接輸出の場合	会社名(国内, 海外含めて), EU への輸出量(トン／年)
	使用・ばく露情報	・使用例：中間体（反応原料），添加剤，溶剤等 ・ばく露（ヒトと環境に対して）：入手可能な範囲で調査
	SDS	作成済みかどうか，言語，附属書 II の最新版対応
	成形品* 中の SVHC	0.1％を超えれば，輸入者は届出が必要
成分(物質) 関連情報	成分名（添加剤，不純物含む）	日本名（すべて記載）
		英語名
	モノマー名(ポリマーの場合)	日本名
		英語名
	(成形品* の場合) 放出意図物質	登録対象
	CAS 番号	
	EC 番号等	
	原材料　購入事業者	
	SVHC 該当有無	該当する場合，0.1％を超えるかどうかを確認
	EC 番号等	
	含有率（％）	
	含有量（トン）	
	使用方法（中間体使用の該当有無）	1. 通常（2. サイト内単離中間体, 3. 輸送単離中間体）
	危険有害性分類	CLH（調和分類）該当有無確認
		NITE GHS 分類データ有無調査
	成分物質の該当法令	EUCLIF 活用

表 4.1　（続き）

項　目			要　点
トン数帯（会社として合算）	1～10 トン／年		使用方法（1. 通常，2. サイト内単離中間体，3. 輸送単離中間体） 別に会社として合算 ⇒ 該当するトン数帯を選出
	10～100 トン／年		
	100～1 000 トン／年		
	1 000 トン／年以上		
登録不要・免除	REACH 適用対象外		他法令で規制
	登録免除		附属書 IV，附属書 V
	1 トン／年未満（登録対象外）		
	2％未満の構成モノマー		含有％の確認
	EU への再輸入物質		EU 内の元々の製造者が自社の登録で再輸入品をカバーする意図の有無の確認も必要
登録関連	登録判断		輸入者が登録，自社で登録， 川上事業者が登録，登録しない． （他社が登録する場合は，その事業者名を記録）
	登録状況		登録済み，それとも未登録
	コスト概算		調査費用，試験費用，OR 費用，登録手数料等
	物性データ	スペクトル	
		有害性データ	技術文書に必要な事項，データの有無
		有害性試験	新規物質では必須
	CSR（10 トン／年で必要）		CSR 提出の要否
届　出	研究・開発用		PPORD への該当有無

*　成形品であっても REACH の対象であり，特別の義務が課せられている．

物質の特定は，その後の登録業務において非常に重要であり，物質を正しく特定するための手順が ECHA のウェブサイト "Four steps to successful substance identification"[4] に示されているので，これらを活用して極力正確に物質を特定する．また，当該製品やその構成物質が EU のどの法律で規制されているかを把握することも極めて重要である．

図 4.2 に示す EU の化学品関連の法令等をカバーする ECHA 公開の EUCLEF[5] が活用できる．EU では加盟各国が独自に規制している可能性もあり，その調査も怠らないように心掛けなければならない．

分野	全般／輸出入	労働環境	消費者			環境			輸送
			化学品管理	製品管理	食品安全	大気	水質	廃棄物	
法律	REACH CLP POPs Persistent Organic Pollutants Regulation PIC Prior Informed Consent Regulation	CMD Carcinogens and Mutagens Directive CAD Chemical Agents Directive Chemical, Physical and Biological Agents at Work Directive Protection of Pregnant and Breastfeeding Workers Directive Protection of Young People Directive Safety and/or Health Signs at Work Directive Safety and Health of Workers at Work Directive	BPR Biocidal Products Regulation PPPR Plant Protection Products Regulation Pesticide Residues Regulation Statistics on Pesticides Regulation	Active Implantable Medical Devices Directive Aerosol Dispensers Directive Civil Explosives Directive Construction Products Regulation Cosmetic Products Regulation Detergents Regulation EU Ecolabel Regulation Fertilisers Regulation General Product Safety Directive In Vitro Diagnostic Medical Devices Directive Medical Devices Directive Pressure Equipment Directive Toy Safety Directive	Ceramic Articles Directive Food Contact Active and Intelligent Materials and Articles Regulation Food Contact Materials (FCM) Framework Regulation Food Contact Recycled Plastic Materials and Articles Regulation Food Contact Regenerated Cellulose Directive Plastic Materials and Article Regulation	Ambient Air Quality Directive As, Cd, Hg, Ni, PAHs in Ambient Air Directive Atmospheric Pollutants Emission Reductions Directive	Urban Waste Water Treatment Directive Water Environmental Quality Standards Directive Water Framework Directive Water for Human Consumption Directive Marine Environmental Policy Framework Directive	Batteries Directive Packaging and Packaging Waste Directive RoHS Restriction of Hazardous Substances in E&E Equipment Directive WEEE Waste E&E Equipment Directive ELV End-of-Life Vehicles Directive Shipments of Waste Regulation WFD Waste Framework Directive	Inland Transport of Dangerous Goods Directive
						VOC Emissions from Storage of Petrol and its Distribution Directive Industrial Emissions Directive			

図 4.2　EUCLIF がカバーする EU の化学品関連の法令等

次に，EUに輸入される製品について，その原料購入から直接輸出・間接輸出を問わず，EUへ輸入されるまでのサプライチェーンの実態（係る製品とその数量及び係る事業者）を把握するようにすべきである．

EUへ年間1トン以上輸入される物質は登録する必要があり，どの事業者が登録を行うかについて協議し，決定することになる．自社で登録する物質に関しては，そのEUの輸入者は確実に把握しなければならない．この協議の際，競争法に係る事案は取り扱わないように注意しなければならない．

4.4　REACH等の化学品規制に係る費用の見積もりと予算の確保

化学品規制に対応するには，相応の費用がかかるということは認識しておく必要がある．製品のSDSの作成，顧客からの化学品規制に係る問合せへの対応等，化学品管理では多方面に費用がかかるが，ここではREACH登録にかかる費用について取り上げることにする．

REACH登録にかかる主な費用は，表4.2に示すように，大きく4項目があげられる．

EU域外の製造者は，ORを指名しなければREACHに係ることはできない．ORはREACHが規定する輸入者のあらゆる義務を遵守するという大きな責任を受け持つことから，その指名には相当の費用が必要で，指名した事業者は，ORとの協議や相談も含めてORの諸活動に係る費用を負担しなければならない．

REACHは，試験データがそのデータ所有者の知的財産であることを再認識させた．登録に必要なデータが既存かどうか調査し，既存であってデータ生成から12年以内であれば，そのデータを入手するにはデータ所有者から購入することになる．必要なデータが存在しなければ，SIEFで共同して試験を実施することを検討する．この費用はSIEFのメンバーで分担することからSIEFメンバー数が多いほどメンバー1社当たりの負担額は小さくなる．

これらのデータに基づいて，登録用の技術文書及びCSRを作成することに

表 4.2　REACH 登録にかかる費用項目

項　　目		費用の内容		備　考
OR 関連	指名及びその後の更新	1	指名料，指名更新料	
	コンサルタント等	2	OR との協議・相談	
	SIEF（コンソーシアム）参加	3	OR が SIEF（コンソーシアム）に参加して活動する費用	
データ入手	既存データの調査・収集	4	登録に必要な安全性データに関する情報の調査・収集費	トン数が高いほど，登録用データ数が増大
	データをデータ保有者より購入	5	データ保有者からのデータ購入費（場合によっては，SIEF で）	
	不足データを試験にて補充	6	SIEF で不足するデータを取得する費用（SIEF メンバー数：z）	
技術文書・CSR 作成		7	登録用技術文書・CSR 作成費	
登録申請		8	ECHA への登録手数料	
費用の合計		$1+2+3+4+5+(6/z)+7+8$		

なるが，この作成には習熟した知識が必要で，社内で精通した部署，あるいは OR 又はコンサルタント会社に委託して実施する場合が多く，費用が必要となる．

REACH 登録するには，ECHA にトン数帯に応じた手数料を支払わなければならない．

REACH 登録には，以上の 4 項目を合計した費用を要することになる．登録するトン数帯，既存データの有無，登録物質の危険・有害性やその用途及び SIEF メンバー数等によって変動する登録費用を事前になるべく精度を上げて見積もり，その予算を確保して登録作業にかかることが望まれる．

4.5　REACH 登録等のアクションプログラムの作成とその進捗管理

REACH 登録は，ECHA 推奨の登録手順のステップ（図 2.2，33 ページ参照）が示すように，多くの作業を順序立てて進めていくことになる．

EU 域外事業者が，すでに登録が実施されている物質の登録を行う際の業務フローを時系列的に示した例を図 4.3 に示す．

REACH 登録作業には，最初（ある物質の REACH 登録を意図して）から最後（登録文書を ECHA に提出する）までには通常 1 年以上を要し，かつ登録作業は多くの部署が係るため，登録作業を進めるうえにおいては，このような業務フローに実施担当者を設定したアクションプログラムを作成して，定期的に進捗を確認することが望まれる．

ここでも OR との情報共有が極めて重要である．ECHA へ照会文書を提出する，OR が SIEF に接触する，及び OR に登録文書を提出する際には，特に OR との情報共有を密にし，OR と指名事業者の方針を一致させて取り組まなければならない．

このように，EU で化学品に係る事業を行うには，REACH 登録が必須であり，時間を要するということを認識して，その期間も考慮に入れて事業を展開する必要がある．

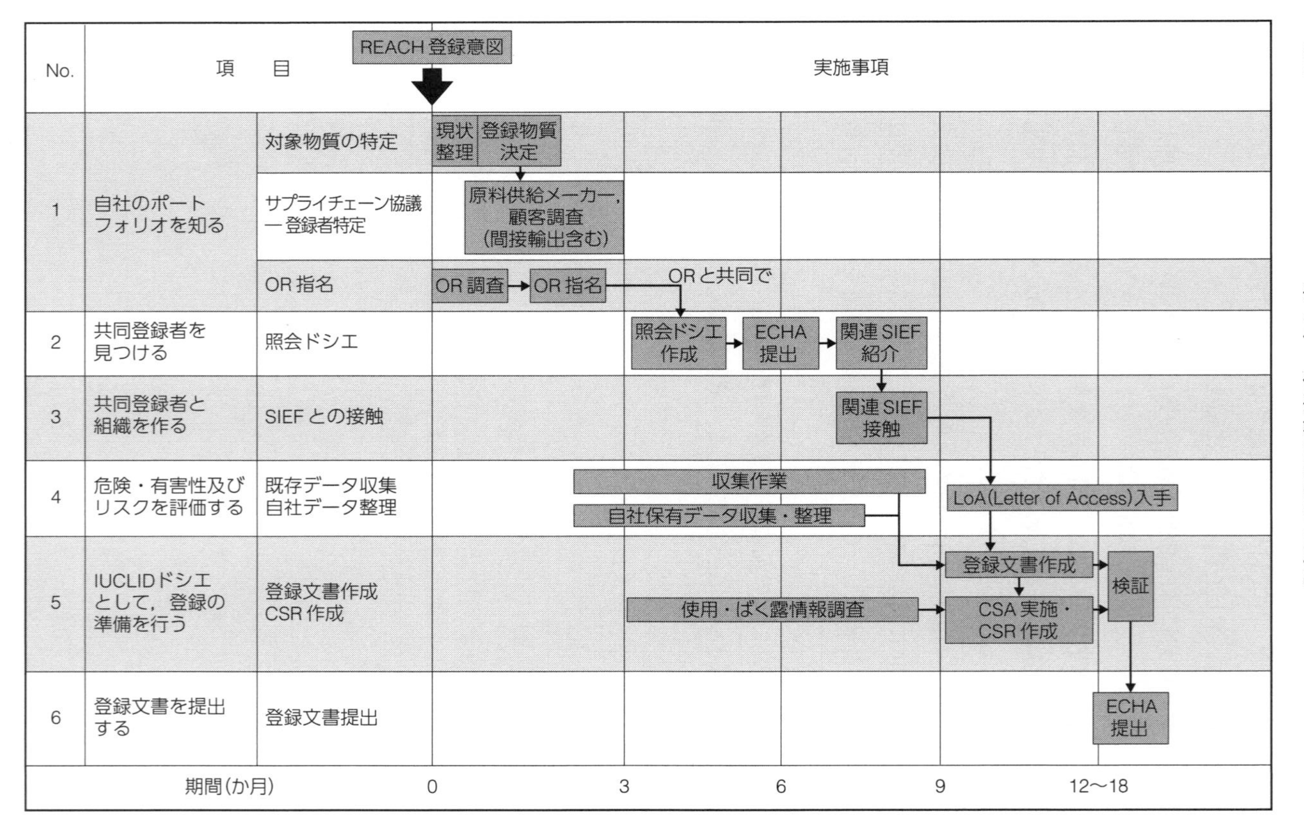

図 4.3　REACH 登録作業のアクションプログラム（例）

4.6　REACH 登録用文書の作成

REACH の登録文書は，IUCLID ソフトウェアを使用して作成しなければならない．IUCLID の操作には，かなりの習熟が必要で，習得方法としては OR やコンサルタント会社等による研修を受けることが考えられる．IUCLID は 2 年ごとに改訂するとされており，ECHA が開催するウェビナーでその使用方法が説明されるので，それを受講することも習得手段の一つである．

REACH の登録データ及び情報は，主に当該物質の危険・有害性情報であるため，その基礎として，GHS の知識を習得しておくことが強く推奨される．それによって登録文書を SIEF で共同作成する場合に，先導登録者等が作成する登録用文書案を鵜呑みにするのではなく，その内容を OR と共同して自ら確認することができるようになる．

REACH の登録では，製造・輸入量が年間 10 トン以上の場合，CSA を実施し，CSR を作成しなければならない．この作業もほとんどの事業者には経験がなく，かなりの困難を伴うものである．ここでは，当該物質のライフ・サイクルにわたっての使用情報及び排出情報を整理して，各段階におけるばく露可能性を検討後，ES を設定し，定量情報を当てはめ，ばく露量を推計することになる．

ばく露情報は，事業者自らが社内及び顧客である川下ユーザーに確認するなどしなければ収集できるものではない．表 4.3 に示すような，ばく露評価のための情報入手・確認フローと整理表に従って，日本から EU に輸出する物質に関するばく露関連情報を入手し，整理するのがよい．その際，自社からの直接輸出に係る情報に加えて，必要に応じて日本国内の顧客からの間接輸出に係る使用関連情報をも対象にするようにする．表 4.3 では，日本から物質 A を EU へ合成反応原料と樹脂の添加剤として直接輸出するケースを示している．

EU 内でのばく露情報は，当該物質のライフサイクルとして，製造工程における使用から，最終製品としての消費者の使用，その最終製品の廃棄及びその処理に係る使用，さらにはそれらの各工程からの環境への排出（ばく露）をカ

表 4.3 ばく露評価のための情報入手・確認フローとその整理表（例）

日本での製造物質				物　質　A	
日本から EU への輸出		経路（該当する輸出を○で囲む.）		（直接輸出）／ 間接輸出	
		数量（トン／年）		xx（トン／年）	
（製造・消費・廃棄段階まで） ① EU 内でのマテリアルフローを記述				② ばく露可能性の検討(対象の特定)	③ ばく露シナリオの設定 ④ 定量情報の当てはめ
① EU 内での使用法	① 使用工程	① IU 番号	① 作　業	② ばく露対象	③，④ ばく露の状況
合成反応原料	製　造	IU 1	移し替え	労働者	頻度，期間，開放系／閉鎖系，連続／Batch，局所廃棄有無，接触可能性等
				環境（大気）	排出量，環境経由ヒトばく露の可能性有無等
		IU 2	合成反応	労働者	頻度，期間，開放系／閉鎖系，連続／Batch，局所廃棄有無，接触可能性等
				環境（大気）	排出量，環境経由ヒトばく露の可能性有無，水系については下水処理の能力等
				環境（水系）	
				環境（土壌・埋立）	
			物質 A は消失 ⇒ 消費者ばく露及び廃棄物によるばく露は存在しない.		
日本から EU への輸出		経路（該当する輸出を○で囲む.）		直接輸出 ／（間接輸出）(樹脂に混合されたペレット)	
		数量（トン／年）		xx（トン／年）	
（製造・消費・廃棄段階まで） ① EU 内でのマテリアルフローを記述				② ばく露可能性の検討(対象の特定)	③ ばく露シナリオの設定 ④ 定量情報の当てはめ
① EU 内での使用法	① 使用工程	① IU 番号	① 作　業	② ばく露対象	③，④ ばく露の状況
樹脂の添加物	製　造	IU 3	移し替え	労働者	頻度，期間，開放系／閉鎖系，連続／Batch，局所廃棄有無，接触可能性等
				環境（大気）	排出量，環境経由ヒトばく露の可能性有無等
		IU 4	成　形	労働者	頻度，期間，開放系／閉鎖系，連続／Batch，局所廃棄有無，接触可能性等
				環境（大気）	排出量，環境経由ヒトばく露の可能性有無，水系については下水処理の能力等
				環境（水系）	
				環境（土壌・埋立）	
	製品の使用	IU 5	使　用	消費者	頻度，期間，使用条件等
	製品の廃棄・リサイクル	IU 6	回　収	労働者	頻度，期間，接触可能性等
		IU 7	リサイクル	労働者	頻度，期間，開放系／閉鎖系，連続／Batch，局所廃棄有無，接触可能性等
				環境（大気）	排出量，環境経由ヒトばく露の可能性有無，水系については下水処理の能力等
				環境（水系）	
				環境（土壌・埋立）	

バーするようにする.

① EU 内でのマテリアルフローを記述
↓
② ばく露可能性の検討（対象の特定）
↓
③ ばく露シナリオの設定
↓
④ 定量情報の当てはめ

これらの情報は，整理表の形でまとめることにより，ライフ・サイクルを通して，漏れなく，ばく露の可能性がある使用プロセスを明確にすることができる.

4.7　REACH 登録後の維持管理と査察対応

化学品管理は，化学品によるヒトの健康及び環境へのリスクを適切に管理し，削減を図っていくことであり，企業内での管理（マネジメント）システムの 1 項目に加えるべきである.（REACH）登録は，化学品管理の一つの要素であり，登録すれば，それで終了というわけではなく，EU での事業における化学品管理体制を構築するための契機と捉えるべきである.

登録物質を含めて EU での事業に係る物質について，評価の決定，認可候補物質の指定及び認可又は制限物質の指定等が実施されれば，何らかの対応が必要になる可能性がある. EU で取り扱う物質に関する規制の動向は常に監視しておく必要があり，登録の更新等，対応が必要となれば，速やかに実施できる体制を構築しておくことが望ましい.

サプライチェーンの動向も監視し，OR を指名していれば，OR には定期的に EU への輸入量等を報告する必要がある. 新たな情報を入手すれば，SDS を更新することも求められる. さらには EU 内の事業者であれば，実施される執行（査察）にも対応しなければならない.

各企業で化学品管理の体制を構築する際には，品質管理や環境管理のために導入している ISO マネジメントシステムの手法を応用するのが効率的であり，それによって，体制構築の際の管理項目の欠落も防止できると考えられる.

化学品管理体制の確立として，表4.4に示す項目を整備することが推奨される．これらが確立していることは，表4.5に示す文書及び記録を証拠として提示できるようにしておくべきである．これらの文書及び記録は，社内の文書管理システムに組み入れて維持・管理を図る．このことによって，化学品管理体制が可視化されるとともに，継続的に維持することが可能となる．さらには，執行（査察）に対しても，自信をもって対応できるようになるであろう．

表4.4 EUにおける化学品管理体制の確立に求められる項目

・REACH，CLPへの取組み方針の宣言
・REACH，CLPに関する各組織及び組織内の役割と責任の設定
・EUにおける製造又は輸入する物質のREACH登録・CLP届出手順の確立
・REACH，CLPでの登録・届出文書作成／更新を監視する手順の設定
・（スタッフ）教育・訓練の実施及び記録の保管
・ラベル及び(e)SDSの作成手順の確立
・供給者の(e)SDSに対する確認・見直し対応についての手順の確立
・緊急事態発生時の対応手順の設定（緊急連絡電話番号の設定を含む．）
・製品中のSVHCの追跡手順の設定
・社内のコンプライアンス監査についての手順の確立
・該当する物質に対して，ORとの関係性の確立

表4.5 EUにおける化学品管理に求められる文書及び記録

・化学品管理体制の確立*を示すことのできる文書及び記録
・最新の取扱い製品及び含有物質一覧表
・すべての予備登録及び登録番号，並びに登録に関するレポート
・REACH登録基礎資料
　・LoA (Letters of Access)の証拠文書
　・いかなる免除についての根拠となる文書
　・中間体登録の物質に対する顧客での厳密な管理の確認文書
　・物質の製造・輸入数量の記録と提示可能な数量追跡システム
・全物質に対する分類結果と分類に使用した情報とともに，あらゆるCLP届出の詳細資料
・すべての製品の(e)SDS（旧版も含む．）
・受領した(e)SDS及びこれらがREACHを遵守し，実行していることを確実にするための手順
・SVHC届出実施記録及びSVHCに関する顧客への情報提供の証拠

* 本書の表4.4を指す．

引用・参考資料

1）https://www.jetoc.or.jp/materials/
2）http://www.env.go.jp/chemi/reach/reach.html
3）http://chemical-net.env.go.jp/index.html
4）https://echa.europa.eu/support/substance-identification/four-steps-to-successful-substance-identification
5）https://echa.europa.eu/information-on-chemicals/EUCLEF

おわりに

気候変動と環境劣化は全世界にとって現存する極めて深刻な脅威であり，これを克服するために，EUでは2019年12月に欧州委員会によって“欧州グリーンディール”が発出された．この政策イニシアティブは，2050年に気候中立の達成を目指した気候変動措置に関する政策等，10の柱となる政策から構成されている．その政策の一つが“A zero pollution ambition for a toxic-free environment（有毒物のない環境に向けた汚染ゼロの野心）”で，化学品管理を含む環境保護政策である．これを受けて2020年10月，欧州委員会は“Chemicals Strategy for Sustainability（持続可能性のための化学品戦略）”を公表した．

本書では，REACHの概要及び2018年に発表された第2回REACHレビューにおいて認識されたREACHの現状とその課題，並びに今後の改正の方向を紹介したが，2020年の化学品戦略では，第2回REACHレビューの結果を踏まえつつ，EUにおける化学品管理の基盤となる法律であるREACHとCLPを統合的に，しかもより大胆に，かつより具体的に改正していくことが示されており，そのことによって“zero pollution ambition”を達成するとしている．

REACHは化学品の管理措置を規定し，各化学物質の特性に応じて管理措置を決定する法律であり，その管理措置を決定するための化学物質の特性の判定基準を規定する法律であるCLPとは，今後，より一層統合的に取り扱われると考えられる．CLPの詳細については，日本規格協会より発刊される拙著『欧州CLP規則 日本企業の対応実務—CLPの現状と今度の動向を踏まえて』（仮称）を参考にしていただければ幸いである．

化学品管理に関しては，第2回REACHレビューにおいてもEUは世界を牽引していくとの意図が読み取れたが，2020年の化学品戦略ではより明確に感じ取ることができる．例えば，内分泌かく乱物質等の判定基準を，まずCLP

に設定後，国連 GHS に導入していこうと考えているようである．

このように，2020 年の化学品戦略で示された REACH 及び CLP の改正は，EU 内に留まらず，世界的に影響を与える可能性があり，その動向は注視していく必要がある．

徳重　諭

索　　引

A - Z

規則・指令等

あ行

か行

さ行

た行

な行

は行

ま行

や行

ら行

著者略歴

徳重　諭（とくしげ　さとし）

1983年　九州大学 総合理工学研究科（材料開発工学専攻）修了
三菱化成株式会社（現 三菱ケミカル株式会社）入社．四日市工場にてポリエステル樹脂の開発を担当
その後，四日市事業所品質保証グループマネージャー，本社品質保証グループマネージャー及び化学品グループマネージャー等を歴任
2012年　一般社団法人日本化学工業協会 化学品管理部 部長
2018年　一般社団法人日本化学品輸出入協会 化学物質安全・環境部長（現職）日本国内及びEUの化学品関連法規制を担当

主要著書及び発表論文

『化学品安全業務マニュアル 第5版』（共著），三菱化学テクノリサーチ，2012年
月刊『化学経済』，“化学品管理規制の最新動向と産業界の取り組み”（共著），2015年6月号，化学工業日報
機関紙『環境管理』，“サプライチェーンを通した化学品のリスク管理に向けた日化協の取り組み”（共著），2015年10月号，産業環境管理協会
『月刊 化学物質管理』，特集2“トルコの化学品規制とその動向”，2019年2月号，情報機構
『月刊 化学物質管理』，特集1“これからのREACH規則と企業の対応”，2020年7月号，情報機構

化学品管理者必携
欧州 REACH 規則 日本企業の対応実務
―REACH の現状と今後の動向を踏まえて―

2022 年 3 月 18 日　第 1 版第 1 刷発行

著　者　徳重　諭
発 行 者　朝日　弘
発 行 所　一般財団法人 日本規格協会
〒108-0073　東京都港区三田 3 丁目 13-12 三田 MT ビル
https://www.jsa.or.jp/
振替　00160-2-195146

製　作　日本規格協会ソリューションズ株式会社
印 刷 所　日本ハイコム株式会社
製作協力　株式会社大知

© Satoshi Tokushige, 2022　Printed in Japan
ISBN978-4-542-40410-6

● 当会発行図書，海外規格のお求めは，下記をご利用ください．
JSA Webdesk（オンライン注文）: https://webdesk.jsa.or.jp/
電話：050-1742-6256　E-mail：csd@jsa.or.jp

図 書 の ご 案 内

［ERG 2020 版］
危険物輸送のための
緊急時応急措置指針
容器イエローカードへの適用

監訳　東京大学名誉教授　田村昌三
編集　一般社団法人 日本化学工業協会
A5 判・266 ページ　定価 4,400 円（本体 4,000 円＋税 10%）

【主要目次】
A　緊急時応急措置指針と容器イエローカード
　A1　緊急時応急措置指針
　A2　容器イエローカード(ラベル方式)
　A3　国連番号の付け方（参考）
B　緊急時応急措置指針
　1　利用上の注意
　2　国連／ID 番号順索引
　3　物質名 50 音順索引
　4　指針（指針番号順）

新版
電気・電子・機械系
実務者のための
CE マーキング対応ガイド

梶屋俊幸・渡邊　潮　共著
A5 判・148 ページ　定価 2,420 円（本体 2,200 円＋税 10%）

【主要目次】
1. CE マーキング制度の基礎
　1.1　欧州統合の歴史
　1.2　CE マーキング制度に関係する基本用語の解説
　1.3　EU の法令と体系
　1.4　新たな規制の枠組み（NLF）
　1.5　CE マーキング制度の対応プロセス
　1.6　規制当局による市場監視
　1.7　主なニューアプローチ指令の概要
　1.8　その他の関係指令
2. 事業プロセスにおける CE マーキング対応要領
　2.1　開発設計
　2.2　設計製品の適合性評価
　2.3　適合宣言書・技術文書の作成と保管
　2.4　製品表示及び指示
　2.5　量産製品の品質管理
3. 市場における不適合リスク管理
　3.1　変更管理
　3.2　市場監視当局とのリエゾン
　3.3　市場流通製品に適用されるその他の安全指令への対応
4. CE マーキング制度に関する Q&A

日本規格協会　https://webdesk.jsa.or.jp/